高职高专"十二五"规划教材

化工单元操作
设计及优化

蔡 源 孙海燕 主编 季锦林 主审

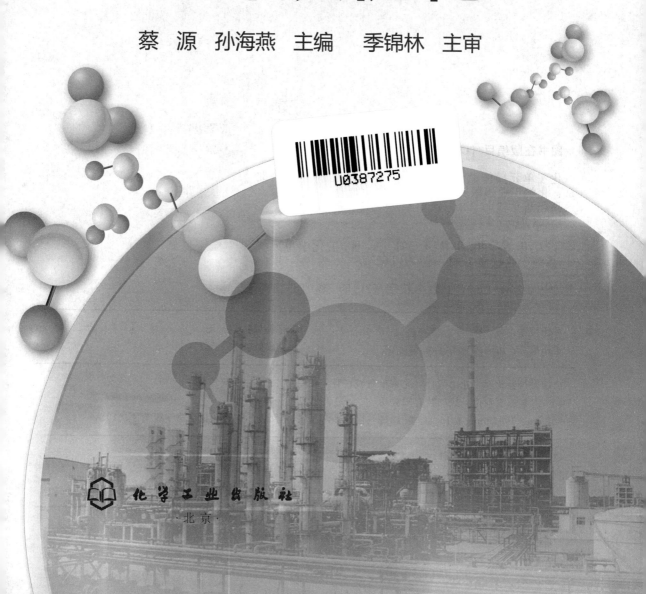

化学工业出版社

·北京·

本书主要是为化工类专业的高职高专学生编写的教材。根据高职高专教育的特点，围绕化工单元操作设计与优化教学的基本要求，从培养学生化工设计及优化基本技能出发展开内容。全书共有四章，介绍了列管式换热器、板式精馏塔、填料吸收塔三类常见化工单元操作的理论基础、设计及优化方法和步骤的详细说明，每章均编有实际应用示例。此外教材中还安排了一些实际案例分析，目的是培养学生分析和解决实际问题的能力。

　　本书可作为高职高专化工及相关专业相应课程的教材或教学参考书，也可供化工企业一般工程技术人员及工人参考。

图书在版编目（CIP）数据

　　化工单元操作设计及优化/蔡源，孙海燕主编．—北京：化学工业出版社，2015.4（2024.2重印）
　　高职高专"十二五"规划教材
　　ISBN 978-7-122-22884-0

　　Ⅰ.①化…　Ⅱ.①蔡…②孙…　Ⅲ.①化学单元操作-高等职业教育-教材　Ⅳ.①T02

　　中国版本图书馆 CIP 数据核字（2015）第 018815 号

责任编辑：窦　臻　　　　　　　　　　文字编辑：李　玥
责任校对：边　涛　　　　　　　　　　装帧设计：张　辉

出版发行：化学工业出版社（北京市东城区青年湖南街 13 号　邮政编码 100011）
印　　装：三河市延风印装有限公司
787mm×1092mm　1/16　印张 10½　字数 267 千字　　2024 年 2 月北京第 1 版第 8 次印刷

购书咨询：010-64518888　　　　　　　售后服务：010-64518899
网　　址：http://www.cip.com.cn
凡购买本书，如有缺损质量问题，本社销售中心负责调换。

定　　价：28.00 元

前　言

　　本书是根据职业教育的特点和要求，为高职高专院校化工类专业编写的技术基础课教材，也可作为化工机械、化工仪表、化工分析、环境保护、轻工、制药及其相近专业相应课程的教材或教学参考书。

　　为适应职业技术教育应用性、针对性、岗位性以及专业性的特点，本书所编写的内容体现了必需、够用、实用的高职高专特色，在介绍了常用单元操作工艺及设备设计后，增加了实用的设计案例。尽量简化但保留够用的成熟基础理论，努力反映学科的现代特点，强调实际应用技能和分析能力的培养。在文字上力求简练，通俗易懂，尽量符合化工专业技术人员的特点和需要。全书侧重于常用单元操作基础知识、基本理论在实际设计及优化中的应用，注意培养和启发学生解决问题的思路、方法及能力。本书与传统的《化工原理课程设计》教材相比，更注重理论对于工程设计的指导作用，引入技术经济分析评价的概念，强调在设计和优化过程中采用现代化的设计手段和方法，力求达到过程参数和设备参数的优化，使学生初步建立"效益"观念。

　　本书共分四章，全部内容讲课时数约为 60 学时，其中，第一章是化工单元操作设计及优化的概述，第二、三、四章分别介绍列管式换热器、板式精馏塔和填料吸收塔的工艺设计及优化。

　　本书由南京化工职业技术学院蔡源、孙海燕主编，季锦林主审，汤立新、杨宇、王亮参加了编写工作。本书在编写过程中，得到了编者所在学校领导的关心和相关教研室老师的大力支持，在此一并表示衷心的感谢。

　　尽管在编写过程中得到了许多教师的支持和帮助，但由于编者水平有限，书中难免有欠妥之处，希望专家、读者予以批评指正，以便再版时修正。

编者

2014 年 12 月

目 录

第一章 绪论 ··· 1

第一节 化工单元操作设计及优化课程简介 ····················· 1

一、化工单元操作设计及优化的性质 ······················ 1

二、课程目标 ·· 2

三、《化工单元操作设计及优化》的主要内容 ········· 2

四、化工单元操作设计及优化的步骤 ······················ 3

第二节 化工设计及优化过程中的参数 ····························· 4

一、物性参数 ·· 4

二、过程参数 ·· 7

三、结构参数 ·· 8

第三节 PID 图和主体设备工艺条件图 ····························· 9

一、PID 图（带控制点的工艺流程图） ····················· 9

二、主体设备的工艺条件图 ·· 10

第四节 化工过程技术经济评价的基本概念 ··················· 10

一、技术评价指标 ·· 10

二、经济评价指标 ·· 11

三、工程项目投资估算 ·· 11

四、化工产品的成本估算 ·· 13

五、利润和利润率 ·· 13

参考文献 ··· 13

第二章 列管式换热器工艺设计及优化 ··························· 14

第一节 概述 ··· 14

一、列管式换热器的应用 ·· 14

二、换热器的设计要求 ·· 15

第二节 列管式换热器的设计 ··· 16

一、设计方案的确定 ·· 16

二、估算传热面积 ·· 20

　　三、工艺结构尺寸的确定 ·· 23
第三节　列管式换热器设计及优化示例一 ·················· 26
　　一、设计任务和操作条件 ·· 26
　　二、确定设计方案 ·· 27
　　三、设计及优化步骤 ·· 28
第四节　列管式换热器设计及优化示例二 ·················· 33
　　一、设计任务和操作条件 ·· 33
　　二、确定设计参数 ·· 34
　　三、设计及优化步骤 ·· 34
主要符号说明 ··· 38
参考文献 ··· 39

第三章　板式精馏塔工艺设计及优化 ·················· 40
第一节　概述 ··· 40
　　一、精馏过程对塔设备的要求 ···································· 40
　　二、板式塔与填料塔的比较 ······································ 40
　　三、板式精馏塔的分类 ·· 41
　　四、板式精馏塔设计及优化的主要内容 ······················ 43
第二节　精馏装置设计及优化方案的确定 ·················· 44
　　一、精馏装置的流程 ·· 44
　　二、操作压力的选择 ·· 45
　　三、进料热状况的选择 ·· 45
　　四、加热方式和加热剂的选择 ···································· 45
　　五、回流比的选择 ·· 46
　　六、精馏过程的节能措施 ··· 46
第三节　精馏塔塔板数的设计及优化 ······················ 47
　　一、相平衡关系 ·· 47
　　二、精馏塔的物料衡算 ·· 49
　　三、精馏操作回流比的确定 ······································ 50
　　四、精馏塔理论塔板层数的确定 ································· 53
　　五、精馏塔实际塔板层数确定 ···································· 55
第四节　精馏塔主要尺寸的设计及优化 ·················· 55
　　一、塔高的确定 ·· 56
　　二、塔径的确定 ·· 56
　　三、溢流装置的确定 ·· 59
　　四、塔板及其布置的确定 ··· 64
　　五、浮阀塔板的流体力学校核 ···································· 69
　　六、塔板负荷性能图 ·· 72
第五节　板式塔的结构与附属设备 ························· 79
　　一、板式塔的结构 ·· 79
　　二、附属设备的确定 ·· 82
第六节　接管的确定 ··· 87
　　一、塔顶蒸气出口管的直径 d_v ······························ 87
　　二、回流管管径 d_R ··· 87

三、进料管管径 d_F ……………………………………… 87

四、塔底出料管管径 d_w ………………………………… 88

五、塔底至再沸器的接管管径 d_L ……………………… 88

六、再沸器返塔连接管管径 d_b ………………………… 88

第七节 精馏装置带控制点的工艺流程图 …………… 89

一、带控制点的工艺流程图 …………………………… 89

二、工艺流程说明 ……………………………………… 89

第八节 精馏塔的工艺条件图 ……………………… 89

主要符号说明 ……………………………………… 92

参考文献 …………………………………………… 93

第四章 填料吸收塔工艺设计及优化 ……………… 94

第一节 概述 ………………………………………… 94

一、吸收操作及其应用 ………………………………… 94

二、吸收过程对塔设备的要求 ………………………… 94

三、填料吸收塔装置设计主要内容 …………………… 95

第二节 设计方案的确定 …………………………… 95

一、吸收方法的选择 …………………………………… 95

二、吸收剂的选择 ……………………………………… 96

三、吸收操作条件的确定 ……………………………… 96

四、能量的综合利用 …………………………………… 97

五、典型吸收-解吸过程流程 ………………………… 97

六、各类吸收设备 ……………………………………… 98

第三节 填料塔性能及简介 ………………………… 100

一、填料塔概述 ………………………………………… 100

二、填料塔的结构和特点 ……………………………… 100

第四节 塔填料性能及选择 ………………………… 101

一、传质过程对塔填料的基本要求 …………………… 101

二、塔填料分类 ………………………………………… 101

第五节 填料吸收塔设计及优化 …………………… 103

一、气-液平衡关系的获取 …………………………… 103

二、确定吸收剂用量 …………………………………… 103

三、塔径的计算 ………………………………………… 105

四、填料层高度的计算 ………………………………… 106

五、气体压降的计算 …………………………………… 108

六、管径及泵的选择 …………………………………… 109

七、主要设计参数的核算及优化 ……………………… 110

第六节 填料塔附属内件选型 ……………………… 111

一、填料支撑装置 ……………………………………… 111

二、液体分布装置 ……………………………………… 111

三、液体再分布装置 …………………………………… 112

四、液体出口装置 ……………………………………… 112

五、气体进口装置 ……………………………………… 112

六、除沫装置 …………………………………………… 113

第七节　填料吸收塔设计及优化示例一 ·· *113*
　一、设计任务和操作条件 ·· *113*
　二、确定设计方案 ·· 114
　三、设计及优化步骤 ·· 114
第八节　填料吸收塔设计及优化示例二 ·· *127*
　一、设计任务和操作条件 ·· *127*
　二、确定设计方案 ·· 128
　三、设计及优化步骤 ·· 129
主要符号说明 ··· 135
参考文献 ··· 136
附录 ··· 137
　附录一　法定计量单位及单位换算 ·· 137
　附录二　常用数据表 ·· 140
　附录三　常见气体、液体和固体的重要物理性质 ································ 144
　附录四　一些气体溶于水的亨利系数 ·· 153
　附录五　某些二元物系的气液平衡组成 ······································ 153
　附录六　乙醇-水溶液的一些性质 ··· 154
　附录七　常用管子的规格 ·· 155
　附录八　设计代号及图例 ·· 156

第一章 绪论

第一节 化工单元操作设计及优化课程简介

一、 化工单元操作设计及优化的性质

化工单元操作设计及优化是《化工单元操作》课程教学后的综合性和实践性较强的实践教学环节。本课程面向的对象是化工类专业学生，学生在学完《化工单元操作》课程后，能够针对某特定单元操作流程，利用计算软件，设计优化方案，对装置、流程进行改造，或对工艺参数进行调整，使得在产品质量有保证的基础上，降低能耗，节约成本，提高装置运行效益。本课程注重培养学生分析问题、解决问题的能力，是对学生学完化工单元操作课程后岗位技能的再次提升。教学方法采取任务驱动式的理论实际一体化教学，注重培养学生的方法能力、社会能力、职业素养，最终形成化工生产的职业综合能力。

本课程不同于平时的作业，在设计及优化环节中需要学生自己作出决策，即自己确定方案、确定流程、查取资料、进行过程和设备计算，并要对自己的选择作出论证和核算，经过反复的分析比较，择优选定理想的优化方案。所以，本环节是有益于提高学生独立工作能力的实践环节。

1. 本课程在化工类专业中的定位

本课程是化工类专业必修课程，是在进入专业方向类课程前的技术基础课程。

该课程的学习是化工类专业学生职业能力培养和职业素质养成的重要环节，同时为后续课程的学习打下坚实基础，在化工类专业技术型高技能人才的培养中具有举足轻重的地位。

2. 本课程的基本教学理念

采用以工作过程为导向、任务驱动的课程教学方式，依据不同的教学内容、教学目标，结合学生特点，灵活采用不同的教学方法。通过具体任务的设计与实施，融理论知识学习及素质培养于实践操作中，发挥学生在学习中的主体作用，有效提高学生解决实际问题的综合能力。

3. 本课程的设计思路

本课程内容与《国家职业技能鉴定标准》中蒸馏工等典型化工单元操作岗位工种的职业

技能标准相衔接，以学生的职业能力培养为核心，以典型化工单元操作生产案例为情境，针对某特定单元操作流程，利用计算软件，设计优化方案，对装置、流程进行改造，或对工艺参数进行调整，根据生产要求正确选择设备型号，并使设备安全运行；根据生产要求，调整相关参数，降低物耗、能耗，提高产品质量；确保装置安、稳、长、满、优运行。

二、课程目标

(一) 课程总目标

学生通过本课程的学习，能在解读典型化工单元操作工艺流程和操作规程的基础上，实现对典型化工单元操作工艺参数的优化，必要时能对装置、流程进行改造，提高装置运行效益。

(二) 具体目标

1. 知识目标

(1) 掌握传热、精馏和吸收设备的构造及选用方法。

(2) 掌握换热系统的设计及优化方法。

(3) 掌握精馏系统的设计及优化方法。

(4) 掌握吸收系统的设计及优化方法。

(5) 了解待优化系统费用组成以及影响操作费用和设备费用的因素。

2. 能力目标

(1) 能设计和绘制传热、吸收和精馏系统的流程图。

(2) 能选用合适的传热、吸收和精馏设备，完成给定的生产任务。

(3) 能进行换热系统、吸收系统和精馏系统的操作优化和设计优化，如操作参数优化、换热器选择优化、管路布置优化等。

3. 素质目标

(1) 具有良好的思想道德素质、健康的身心素质、过硬的职业素质和人文素质。

(2) 具有安全意识，依据规范进行安全生产。

(3) 注重生产过程中的环境保护。

(4) 具有节能意识。

(5) 具有化工生产工程观点。

(6) 具有生产成本、效益意识。

(7) 良好的团队合作精神。

(8) 通过文献、传媒、多媒体素材等学习新知识的素质。

三、《化工单元操作设计及优化》的主要内容

考虑到教学实际，本着少而精的原则，本教材选择以下几个方面的内容。

1. 列管式换热器的设计及优化

传热过程是化工生产过程中存在的极其普遍的过程。实现这一过程的换热设备有很多种类，其中以列管式换热器的应用最为广泛。本教材主要介绍列管式换热器的优化设计，内容包含换热器类型的选择、换热器物料及热量衡算、换热器传热动力学和换热器流动阻力核算等，以及确定换热设备的主要工艺尺寸。

2. 板式塔精馏装置的设计及优化

精馏过程是分离液体混合物时最常用的一种单元操作，在化工、炼油等工业中得到了广泛的

应用。利用混合物中各个组分挥发性能的差异,使之在气液两相接触过程中发生传质,将各组分提纯或分离。可实现这一过程的设备种类很多,而最常用的板式塔有浮阀塔、筛板塔、泡罩塔等。本教材主要介绍浮阀塔的优化设计。优化内容包括工艺条件计算、塔板优化计算、流体力学验算等方面。最后绘出浮阀塔工艺结构尺寸简图,同时完成辅助设备的选型。

3. 填料塔吸收装置的设计及优化

气体吸收过程是利用气体混合物中各组分在液相中的溶解度或者化学反应活性的不同,在气液两相接触时发生传质,实现气体混合物的分离。化工生产中,气体吸收过程在原料气的净化、气体产品的精制、治理有害气体保护环境等方面得到了广泛的应用。在研究和开发吸收过程时,在方法上多从吸收过程的传质速率着手,希望在整个设备中,气液两相为连续微分接触过程,这一特点与填料塔得到了较好的结合。由于填料塔的通量大、阻力小,使得其在某些处理量大、要求压降小的分离过程中备受青睐。尤其是近年来高效填料塔的开发,使得填料塔在分离过程中占据了重要的地位。因此,本教材主要结合吸收过程介绍填料塔的优化计算。

吸收章节介绍了吸收过程对设备的要求,如何选定适宜的流程方案、溶剂、填料类型以及操作条件。进而,依据系统的物性及操作条件等选择适宜的数字模型及计算方法,对系统进行物料及能量衡算以及过程传质速率的计算,以确定吸收塔的主要工艺尺寸及内件。通过流体力学的核算,检验系统工艺的合理性,保证塔的正常运行。此外,还介绍了主要辅助设备的选型。

本教材主要选择以上三个方面的内容,每一章节的要求如下:

(1) 设计及优化方案的说明 根据给定任务、工艺流程、操作条件和主要设备的类型,绘出工艺流程简图,给出工艺流程说明。

(2) 主要设备的工艺设计及优化计算 包括工艺参数的选定、物料衡算、热量衡算、设备的工艺尺寸计算及结构设计。

(3) 典型辅助设备的选型和计算 包括典型辅助设备的主要工艺尺寸计算及设备型号规格的选定。

(4) 带控制点的工艺流程图。

(5) 主体设备工艺条件图 图上应包括设备的主要工艺尺寸、技术特性表、相接管表等。

完整的化工单元操作设计报告由说明书和图纸两部分组成。设计说明书中应包括设计优化论述、原始数据、计算、表格等,编排顺序如下:

① 标题页;

② 设计任务书;

③ 目录;

④ 优化方案简介;

⑤ 工艺流程草图及说明;‘

⑥ 工艺计算及主体设备优化计算;

⑦ 辅助设备的计算及选型;

⑧ 优化结果核要或设计一览表;

⑨ 对本优化的评述。

四、化工单元操作设计及优化的步骤

化工单元操作设计及优化的步骤如下:

① 动员和布置任务；

② 阅读指导书和查阅资料；

③ 现场调查；

④ 优化计算，绘图和编写说明书；

⑤ 考核。

整个报告主要由论述、计算和绘图三部分组成。论述应该条理清晰，观点明确；计算要求方法正确，误差小于工程计算的要求，计算公式和所用数据必须明确注明出处；图表应该能简要表达优化计算的结果。

课程后期的考核是及时了解学生掌握情况及其设计和优化能力的补充过程，是提高工程实践水平、交流心得和扩大收获的重要过程。考核可按笔试和现场提问等方式进行。

第二节 化工设计及优化过程中的参数

在化工单元操作设计及优化计算过程中，既涉及化工过程，又涉及化工设备及材料等。所以在搜集和查阅文献时，不能只限于教材及化工类资料，而应从多方面查询，才能备齐所有的数据和资料。当制订过程工艺方案时，应从物系所属生产和加工的专业类书籍中查询。当深入了解单元操作过程时，应从查阅单元操作的书籍入手。当考虑设备结构时，则应参考机械制造类手册确定所用规范等。当进行工艺计算时，则要涉及系统物系的参数。这些参数总结起来主要有物性参数、过程参数和结构参数等。

一、物性参数

用来表达物料物理性质的参数称为物性参数。设计计算中常见的有：密度 ρ、黏度 μ、比热容、汽化潜热、热导率等。纯物质的物性参数一般均由实验测定，设计时可从有关手册、资料中查取；混合物的物性参数可根据有关经验公式进行计算。

(一) 密度

1. 混合气体的密度

当压力不太高时，混合气体的密度可近似由方程式(1-17)求得。

$$\rho_{gm} = \sum_{i=1}^{n} \rho_{gi} y_i \tag{1-1}$$

式中　ρ_{gi}，y_i——分别为混合气体中 i 组分的密度和摩尔分数。

$$\rho_{gm} = \frac{pM_m}{RT} \tag{1-2}$$

式中　p——混合气体的总压，kPa；

T——气体的热力学温度，K；

R——气体常数，数值为 8.314kJ/(kmol·K)；

M_m——混合气体的平均摩尔质量，即

$$M_m = M_1 y_1 + M_2 y_2 + \cdots + M_n \cdots y_n \tag{1-3}$$

式中　$M_1, M_2, \cdots, M_n$——气体混合物中各组分的摩尔质量，kg/kmol；

$y_1, y_2, \cdots, y_n$——气体混合物中各组分的摩尔分数或体积分数，$y_1 + y_2 + \cdots + y_n = 1$。

2. 混合液体的密度

若几种纯液体混合前的分体积之和等于混合后的总体积，则混合液体的平均密度可按式

(1-4) 计算。

$$\frac{1}{\rho_m} = \frac{a_1}{\rho_1} + \frac{a_2}{\rho_2} + \cdots + \frac{a_n}{\rho_n} \tag{1-4}$$

式中　　　　ρ_m——液体混合物的平均密度，kg/m^3；

a_1，a_2，$\cdots$，a_n——液体混合物中各组分的质量分数，$a_1 + a_2 + \cdots + a_n = 1$；

ρ_1、ρ_2，$\cdots$，ρ_n——液体混合物中各组分的密度，kg/m^3。

(二) 黏度

1. 互溶液体混合的黏度

由 Kendall-Mouroe 混合规则得：

$$\mu_{Lm}^{1/3} = \sum_{i=1}^{n} (x_i \mu_{Li}^{1/3}) \tag{1-5}$$

式中　μ_{Li}——混合液中组分 i 的黏度；

x_i——组分 i 的摩尔分数。

式(1-5)适用于非电解质、非缔合性液体，两组分的相对分子质量差及黏度差不大（$\Delta\mu < 15mPa \cdot s$）的液体。对油类计算误差为 2%～3%。

2. 混合气体的黏度

（1）常压下纯气体黏度的计算　常压下纯气体黏度的计算式如下：

$$\mu_{gi} = \mu_{0gi} \left(\frac{T}{273.15}\right)^m \tag{1-6}$$

式中　μ_{0gi}——气体 i 在 0℃、1atm（1atm=101325Pa）下的黏度，$mPa \cdot s$；

m——关联指数。

某些常见气体的 μ_{0gi} 值可由表 1-1 查得，m 值由表 1-2 查得。

表 1-1　0℃时常见气体的黏度 μ_{0gi}

气体	$\mu_{0gi}/mPa \cdot s$	气体	$\mu_{0gi}/mPa \cdot s$
CO_2	1.34×10^{-2}	CS_2	0.89×10^{-2}
H_2	0.84×10^{-2}	SO_2	1.22×10^{-2}
N_2	1.66×10^{-2}	NO_2	1.79×10^{-2}
CO	1.66×10^{-2}	NO	1.35×10^{-2}
CH_4	1.20×10^{-2}	HCN	0.98×10^{-2}
O_2	1.87×10^{-2}	NH_3	0.96×10^{-2}
H_2S	1.10×10^{-2}	空气	1.71×10^{-2}

表 1-2　常见气体的 m 值

气体	m 值	气体	m 值
CH_4	0.8	CO	0.758
CO_2	0.935	NO	0.89
H_2	0.771	NH_3	0.981
N_2	0.756	空气	0.768

（2）压力对气体黏度的影响　有压力时的气体黏度 μ_p，可用对比态原理从压力对气体黏度的影响图中查出。在对比温度 T_r 和对比压力 p_r 大于 1 的情况下，可由图 1-1 求得。多数情况下，误差小于 10%。图中为 μ_1 压力等于 1atm 时纯组分气体的黏度，μ_p 为压力为 p 下的黏度。

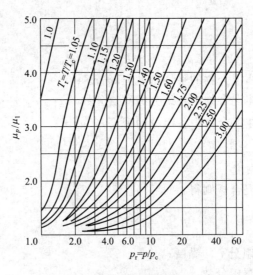

图 1-1　压力对气体黏度的影响

（3）气体混合物黏度 μ_{gm}　在低压下气体混合物黏度由式（1-7）计算：

$$\mu_{gm} = \frac{\sum y_i \mu_{gi} M_i^{1/2}}{\sum y_i M_i^{1/2}} \tag{1-7}$$

式中　μ_{gm}——气体混合物的黏度，Pa·s；

$\quad\quad y_i$——气体混合物中 i 组分的摩尔分数或体积分数；

$\quad\quad M_i$——气体混合物中 i 组分的摩尔质量，kg/kmol；

$\quad\quad \mu_{gi}$——与气体混合物同温度下的 i 组分的黏度，Pa·s。

（三）热导率

1. 液体混合物的热导率 λ_{Lm}

（1）有机液体混合物的热导率　有机液体混合物热导率 λ_{Lm} 可近似由式（1-8）求得：

$$\lambda_{Lm} = \sum_{i=1}^{n} \omega_i \lambda_{Li} \tag{1-8}$$

（2）有机液体水溶液的热导率　有机液体水溶液热导率 λ_{Lm} 可由式（1-9）求得：

$$\lambda_{Lm} = 0.9 \sum_{i=1}^{n} \omega_i \lambda_{Li} \tag{1-9}$$

式（1-8）和式（1-9）中的 ω_i 为组分 i 的质量分数。

（3）胶体分散液及乳液的热导率　胶体分散液及乳液的热导率 λ_{Lm} 可近似由式（1-10）求得：

$$\lambda_{Lm} = 0.9 \lambda_c \tag{1-10}$$

式中　λ_c——连续相组分的热导率。

2. 气体混合物的热导率 λ_{gm}

（1）非极性气体混合物　由式（1-11）Broraw 法估算非极性气体混合物的热导率 λ_{gm}。

$$\lambda_{gm} = 0.5(\lambda_{sm} + \lambda_{\zeta m}) \tag{1-11}$$

式中，$\lambda_{sm} = \sum\limits_{i=1}^{n} \lambda_{gi} y_i$；$\lambda_{\zeta m} = 1/\sum\limits_{i=1}^{n} (y_i/\lambda_{gi})$。

（2）一般气体混合物　对于一般的气体混合物，可由式（1-12）计算：

$$\lambda_{gm} = \frac{\sum_{i=1}^{n} \lambda_{gi} y_i (M_i)^{1/3}}{\sum_{i=1}^{n} y_i (M_i)^{1/3}} \tag{1-12}$$

式中　λ_{gi}——组分 i 的热导率。

(四) 比热容

气体或液体混合物的比热容可由式(1-13) 和式(1-14) 计算：

$$c_{pm} = \sum_{i=1}^{n} x_i c_{pi} \tag{1-13}$$

$$c'_{pm} = \sum_{i=1}^{n} \omega_i c'_{pi} \tag{1-14}$$

式中　c_{pi}——组分 i 每千摩尔的比热容，kJ/(kmol·℃)；

　　　c'_{pi}——组分 i 每千克的比热容，kJ/(kg·℃)。

式(1-13) 和式(1-14) 的使用条件是：

① 各组分不互混；

② 低压气体混合物；

③ 相似的非极性液体混合物（如碳氢化合物、液体金属）；

④ 非电解质水溶液（有机水溶液）；

⑤ 有机溶液；

⑥ 不适用于混合热较大的互溶混合液。

(五) 汽化潜热

混合物汽化潜热可由式(1-15) 和式(1-16) 估算：

$$r_m = \sum_{i=1}^{n} x_i r_i \tag{1-15}$$

$$r'_m = \sum_{i=1}^{n} \omega_i r'_i \tag{1-16}$$

式中　r_m——组分 i 每千摩尔的汽化潜热，kJ/kmol；

　　　r'_m——组分 i 每千克的汽化潜热，kJ/kg。

(六) 表面张力

混合物表面张力 σ 由式(1-17) 计算：

$$\sigma_m = \sum_{i=1}^{n} x_i \sigma_i \tag{1-17}$$

式中　x_i——液相组分 i 的摩尔分数；

　　　σ_i——组分 i 的表面张力。

本式仅适用于系统小于或等于大气压的条件。当大于大气压时，则参考有关数值手册。由于混合物系种类繁多，性质差异较大，一种混合规则难以适应各种混合物的需要，对于一些特殊混合物的性质，还应查阅专用物性数据手册。

二、过程参数

表明过程进行的状态和特征的物理量称为过程参数。常见的有温度 T、压强 P、体积流量 Q、组成等。其中温度、压强又称状态参数。过程参数可作为控制生产过程进行的主要操作控制指标。

设计及优化计算时，过程参数一般由任务书给定，少数参数由设计者根据设计目的和条件经反复调整确定，有时也可由算图查取或用经验公式进行计算得到。

度量物体温度的温标有以下四种。

1. 热力学温度

热力学温度习惯上又称绝对温度。规定水的三相点温度为273.16K。K代表开尔文，简称"开"，是热力学温度单位。每1K是水的三相点热力学温度的1/273.16。这一温度实际上是以理想气体定律与热力学定律为基础而得出的最低可能温度，并以此作为零点，而水的三相点温度则为273.16K。开氏温度被定为SI制温度单位，也是我国法定单位制单位。

2. 摄氏温度

摄氏温度是以水的三相点温度作为0℃，水的正常沸点为100℃而规定的温标。它作为一个具有专门名称的导出单位而引入SI制，也是我国法定单位制可同时使用的温度单位。

当表示温度差和温度间隔时，1℃＝1K。

3. 华氏温度

华氏温度是英制采用的温标。它是以一种冰-盐混合物的温度作为零点，以健康人的血液温度为96℉的温标，单位为华氏度（℉）。

4. 兰金温度

兰金温度与开氏温度相类似，也是以热力学最低可能温度为零点的一种热力学温度，其温度间隔与华氏相同，单位为兰金度（℉R）。华氏0℉为－459.58℉R（常取460℉R）。

不同温标间的换算关系如式(1-18)所示：

$$T(K)=t(℃)+273.16=\frac{5}{9}[t(℉)+459.58]=\frac{5}{9}t(℉R) \tag{1-18}$$

三、结构参数

表征设备形状和大小的几何尺寸称为结构参数。如塔器的内径（D）、高度（Z）、塔板间距（H_T）等。结构参数是设计者通过自己的计算而确定的，是为设备的机械设计施工和安装提供的基本数据。不同设计对象的结构参数不相同。

除上述三方面的设计参数外，设计过程中还将涉及如下一些生产指标。

1. 生产能力

不同生产过程、不同生产设备表示生产能力大小的方法往往不相同，最常用的方法有两种。一种是用单位时间的处理量来表示，如某设备的生产能力为1000kg/h，通常指该设备一小时内能将1000kg原料生产成为一定数量的合格产品；另一种方法是指单位时间内获得了多少合格产品，如某合成氨厂的生产能力为50000t/a，表示该厂一年能生产折合成100% NH_3的含NH_3产品50000t。某些设备的生产能力常根据其具体特性而定，如蒸发器的生产能力就常用单位时间内蒸发了多少水分量来表示；换热器的生产能力则用单位时间内完成的换热量来表示等。任务书对设计对象的生产能力常有明确的规定，设计者一定要按任务书的具体规定进行有关的优化计算。

2. 生产强度

评价生产设备的性能时，往往用生产强度而不用生产能力。所谓生产强度，是指单位体积（或单位面积）设备的生产能力，如蒸发器的生产强度就是指单位传热面积上单位时间内所能蒸发的水分量。

生产强度也是评价设计成果经济性的重要指标，强化过程的主要途径是提高设备的生产强度。

3. 转化率

生产过程中，通过某一系统（或某一设备）的进料或进料中的某个组分转化为成品的百分数称为转化率。转化率的高低表明了过程进行的完善程度。工业生产总是希望过程的转化率尽量地高一些。

对于纯物理过程的化工单元操作，通常用回收率（或收率）来表示转化率。所谓回收率，是指进入产品的组分量与原料中该组分含量的比值。

除此之外，设计及优化计算中还可能涉及产率、效率等生产指标，计算时均应注意其概念的准确性。

第三节　PID 图和主体设备工艺条件图

一、PID 图（带控制点的工艺流程图）

化工生产工艺流程的确定是所有化工装置设计中最先着手的工作。工艺流程设计的目的是在确定生产方法之后，以流程图的形式表示出由原料到成品的整个生产过程中物料被加工的顺序以及各股物料的流向，同时表示出生产中所采用的化学反应、化工单元操作及设备之间的联系，据此可进一步制订化工管道流程和计量-控制流程。它是化工过程技术经济评价的依据。

生产工艺流程设计一般分为三个阶段：①生产工艺流程草图（也叫方案流程图），是在工艺路线选定后，进行概念性设计时完成的，不编入设计文件，表达物料从原料到成品或半成品的工艺过程及所使用的设备和机器，用于设计开始时的工艺方案的讨论，也可作为施工流程图的设计基础；②在初步设计阶段，完成物料衡算时绘制的物料流程图，用图形与表格相结合的形式，反映设计中物料衡算和热量衡算结果的图样；③带控制点的工艺流程图，是在方案流程图的基础上绘制的内容较为详尽的一种工艺流程图。

(一) PID 图的绘制范围

带控制点的工艺流程图是设计、绘制设备布置图和管道布置图的基础，又是施工安装和生产操作时的主要参考依据。它以形象的图形、符号、代号表示出化工设备、管路、附件和仪表自控等，借以表达出一个生产中物料及能量的变化始末。工艺流程图绘制范围如下：

（1）应全部反映出主要物料管路，并表达出进出装置界区的流向；

（2）冷却水、冷冻盐水、工艺用的压缩空气、蒸汽（不包括副产品蒸汽）及蒸汽冷凝液系统等的整套设备和管线不在图内表示，仅示意工艺设备使用点的进出位置；

（3）标出有助于用户确认及上级或有关领导审批用的一些工艺数据（例如：温度、压力、物流的质量流量或体积流量、密度、换热量等）；

（4）包括绘制图例必要的说明和标注，并按规定签署相关信息；

（5）必须标注工艺设备、工艺物流线上的主要控制点符号及调节阀等。这里指的控制点符号包括被测变量的仪表功能（如调节、记录、指示、积算、连锁、报警、分析、检测及集中、就地仪表等）。

(二) PID 图的绘制方法

流程图的绘制步骤如下：

（1）用细实线（0.3mm）画出设备简单外形，设备一般按 1：100 或 1：50 的比例绘制，如某种设备过高（如精馏塔）、过大或过小，则可适当放大或缩小；

（2）常用设备外形可参照附录八所示，对于无示例的设备可绘出其象征性的简单外形，表明设备的特征即可；

（3）用粗实线（0.9mm）画出连接设备的主要物料管线，并注出流向箭头；

（4）物料平衡数据可直接在物料管道上用细实线引出并列成表；

（5）辅助物料管道（如冷却水、加热蒸汽等），用中粗实线（0.6mm）表示；

（6）设备的布置原则上按流程图由左至右，图上一律不标示设备的支脚、支架和平台等，一般情况下也不标注尺寸。

工艺物料的介质代码自行编制，一般以分子式及其编写字母表示。

二、主体设备的工艺条件图

主体设备是指在每个单元操作中处于核心地位的关键设备，如传热中的换热器、蒸发中的蒸发器、蒸馏和吸收中的塔设备（板式塔和填料塔）、干燥中的干燥器等。一般，主体设备在不同单元操作中是不相同的，即使同一设备在不同单元操作中其作用也不相同，如某一设备在某个单元操作中为主体设备，而在另一单元操作中则可变为辅助设备。例如，换热器在传热中为主体设备，而在精馏或干燥操作中就变为辅助设备。泵、压缩机等也有类似情况。

主体设备工艺条件图是将设备的结构设计和工艺尺寸的计算结果用一张总图表示出来，通常由负责工艺的人员完成，它是进行装置施工图设计的依据。图上包括如下内容：

（1）设备图形 指主要尺寸（外形尺寸、结构尺寸、连接尺寸）、接管、人（手）孔等；

（2）技术特性 指装置的用途、生产能力、最大允许压强、最高介质温度、介质的毒性和爆炸危险性等；

（3）管接口表 注明各管口的符号、公称尺寸、连接尺寸、用途等；

（4）设备组成一览表 注明组成设备的各部件的名称等。

完整的设备装配图，应在上述工艺条件图的基础上再进行机械强度设计，最后提供可供加工制造的施工图。这一环节在高等院校的教学中，属于化工机械专业的专业课程，在设计部门则属于机械设计组的职责。

由于时间所限，本课程设计仅要求提供初步设计阶段的带控制点的工艺流程图和主体设备的设计条件图。

第四节　化工过程技术经济评价的基本概念

在化学工业中，为达到同一工程目的，可以采取多种方案和手段。不同的技术方案往往各具独特的技术、经济或其他特性。为了从这些可供选择的众多工艺方案中选取技术上先进合理、经济上有充分的市场条件、具有旺盛竞争生命力的方案，就需要把这些方案进行技术上和经济上的综合研究、分析、比较，即进行技术经济评价。

技术经济评价是化工规划、设计、施工和生产管理中的重要手段和方法，经过反复修改和多次重新评价，最终可确定最佳的方案，达到化工过程最优化的目的。

一、技术评价指标

评价一个化工过程技术的可行性、先进性和可靠性，主要根据如下几项指标：

（1）产品的质量和销路；

（2）原料的质量、价格、加工难易、运输性能及供应的可靠性；

（3）原料的消耗定额（产品的回收率）；

（4）能量消耗定额和品位；

（5）过程设备的总数目或总质量，工艺过程在技术上的复杂性，操作控制的难易程度等；

（6）劳动生产率；

（7）环境保护及生产的安全性。

二、经济评价指标

所谓经济评价，是指在开发投资项目的技术方案中，用技术经济观点和方法来评价技术文案的优劣，它是技术评价的继续和确认。一般经济评价包括如下项目：

（1）基本建设投资额；

（2）化工产品的成本；

（3）投资的回收期或还本期；

（4）经济效益——利润和利润率；

（5）其他经济学指标。

建设投资和产品成本是进行设计方案经济分析、评价与优化的重点和基础。化工过程优化方案在经济方面的目标函数不外是基建投资、生产成本或由这二者确定的利润额。投资与成本估算也是设计工作的一个重要组成部分。

三、工程项目投资估算

投资是指建设一套生产装置系统，使之投入生产并能持续正常运行所需的总资金额。"投资"包括固定资本及流动资本两部分。固定资本包括过程设备的购置与安装费、工程建设及设计费、辅助工程及基础费用、防腐保温及开车费用等。流动资本是用来购买生产所需的原材料及维持正常生产的各项储备所需的资金。流动资本一般占总投资额的10%左右。

投资的估算有多种方法，目前国内外最常使用的有化工投资因子估算法和化工厂投资项目逐项估算法。

1. 投资因子估算法

该法以工艺流程中所有设备的购置费总和为基础，根据化工厂的加工类型，从表1-3中选取适当的 Lang 乘数因子，快速估算出固定投资或企业的总投资。

表1-3 Lang 乘数因子

化工厂加工类型	因 子 数 值	
	固定投资	总投资
固体物料	3.9	4.6
固体与流体	4.1	4.9
流体物料	4.8	5.7

用因子法估算投资的步骤是：

（1）按照已经确定的工艺流程图，根据工艺计算，确定所有过程设备的类型、尺寸、材质、操作温度与压强等参数，列出设备清单；

（2）利用设备价目图表或估算式求取每台设备的购置费，综合求出整个装置系统设备的总费用；

（3）由表 1-3 查取合适的 Lang 因子数值，便可算出投资额。

2. 投资项目逐项估算法

对于化工厂、石油炼制厂或石油化工厂，投资项目的逐项估算内容如表 1-4 所示。使用这种投资估算法不但过程十分清晰，而且便于分析整个基本建设的主要开支项目，从而对新建一个化工企业在投资方面建立一个完整的概念和轮廓。

表 1-4　化工厂投资项目逐项估算表

序号	项目	材料费[①]	劳务费
1	储槽、储罐类	A	A 的 10%
2	各种塔器（现场制造）	B	B 的 30%～35%
3	各种塔器（订货、外加工）	C	C 的 10%～15%
4	热交换器	D	D 的 10%
5	泵、压缩机及其他机器	E	E 的 10%
6	仪器仪表	F	F 的 10%
7	关键设备（A 至 F 的总和）	G	
8	保温、隔热工程	$H=(0.05～0.1)G$	H 的 150%
9	输送物料设施	$I=(0.40～0.50)G$	I 的 100%
10	基础工程	$J=(0.03～0.05)G$	J 的 150%
11	建筑物	$K=0.04G$	K 的 70%
12	结构物（框架等）	$L=0.04G$	L 的 20%
13	防火设施	$M=(0.005～0.01)G$	M 的 500%～800%
14	供配电	$N=(0.03～0.06)G$	N 的 150%
15	防腐、防锈、清洗	$O=(0.03～0.05)G$	O 的 500%～800%
16	材料费和劳务费两项总和（安装费）		P
17	特殊设备安装费[②]		Q
18	P 和 Q 的两项总和（过程设备安装费）		R
19	管理费		R 的 30%
20	总安装费[③]		R 的 130%
21	工程费		R 的 13%
22	不可预见费（预备费）		R 的 13%
23	界区内总投资[④]		R 的 156%

① 对于化工设备，材料费即购置费。

② 特殊设备即不常使用的设备或机械（如球磨机等）。

③ 安装费中包括设备购置费在内。

④ "界区"是指按生产流程划分的工艺界区范围，并不包括一些辅助工程（如公共罐区、工厂围墙、产品发运设施等）、公共服务及福利设施的投资。新建一个化工厂的投资分配见表 1-5。

表 1-5　新建一个化工厂的投资分配

投资分配	占总投资的百分数/%		占生产设备的百分数/%
	范围	平均值	
生产设备	30～50	35	100
公用工程	10～25	20	57
辅助工程	30～45	35	100
建筑物	5～20	10	29
合计		100	286

需指出，不管因子法或逐项估算法，都是以所有生产设备的购置费为基础的，这就需要根据生产流程准确无误地列出所有设备清单，并求出每台设备的购置费。单台设备的购置费最好从设备价目图表查得，在缺乏可靠价目时，可用有关公式（如装置或设备指数法）作近似估算，读者可参阅有关资料或专著。

四、化工产品的成本估算

化工产品的成本是产品生产过程中各项费用的总和。在经济可行性研究中，生产成本是决策过程中的重要依据之一。根据估算范围，产品成本可分为车间成本、工厂成本、经营成本和销售成本。通常，我国把化工产品的成本分成原材料费、动力费、燃料费、劳动力费用、车间及工厂管理费、设备折旧费、税金、流动资金等项。产品成本估算内容和方法如表 1-6 所示。

表 1-6　化工产品成本估算

序号	项目	计算方法	备注
1	原料，辅助材料	每吨产品消耗×单价×年产量/t	
2	劳动力费用 (1)直接生产工人工资 (2)辅助工资 (3)奖金	平均月工资×每班人数×班数×12 工资总额的 11% 直接生产工人工资的 11%	总的直接生产成本
3	公用工程(水、电、蒸汽、制冷等)	每吨产品消耗×单价×年产量/t	
4	车间费用	总劳动力费用的 80%	
5	税金和保险费	固定投资的 2%	
6	车间成本	上述各项之和	
7	企业管理费	年销售额的 5%	
8	销售费	年销售额的 5%	
9	折旧费	固定投资的 10%	
10	流动资金	总投资额的 10%	
11	工厂成本	第 6、7、9、10 项之和	
12	经营成本	第 6、7、8、10 项之和	
13	销售成本	第 6、7、8、9、10 项之和	

需要说明，表 1-6 中有关比例数字会随着时间及产品种类的变化有一定的变化或调整。

五、利润和利润率

年销售收入扣除销售成本即为企业的年利润。

年利润与基建投资总额之比为资金利润率。

单位产品的利润与销售成本之比为成本利润率。

基建投资总额与年利润之比为投资回收期或还本期（年）。

参 考 文 献

[1] 大连理工大学化工原理教研室. 化工原理课程设计. 大连：大连理工大学出版社，1994.
[2] 时钧等. 化学工程手册. 第 2 版. 北京：化学工业出版社，1996.
[3] 吴俊等. 化工原理课程设计. 上海：华东理工大学出版社，2011.
[4] 柴诚敬等. 化工原理课程设计. 天津：天津科学技术出版社，2011.

第二章　列管式换热器工艺设计及优化

第一节　概述

一、列管式换热器的应用

　　列管式换热器又称为管壳式换热器，是最典型的间壁式换热器，历史悠久，在化工应用中占据主导地位，主要由壳体、管束、管板、折流挡板和封头等组成。一种流体在管内流动，其行程称为管程；另一种流体在管外流动，其行程称为壳程。管束的壁面即为传热面。

　　列管式换热器的主要优点是单位体积所具有的传热面积大，传热效果好，结构坚固，可选用的结构材料范围宽广，操作弹性大，因此在高温、高压和大型装置上多采用列管式换热器。为提高壳程流体流速，往往在壳体内安装一定数目与管束相互垂直的折流挡板。折流挡板不仅可防止流体短路、增加流体流速，还迫使流体按规定路径多次错流通过管束，使湍流程度大为增加。

　　列管式换热器中，由于两流体的温度不同，使管束和壳体的温度也不相同，因此它们的热膨胀程度也有差别。若两流体温差较大（50℃以上），就可能由于热应力而引起设备的变形，甚至弯曲或破裂，因此必须考虑这种热膨胀的影响。

　　在不同温度的流体间传递热能的装置称为热交换器，简称为换热器。在换热器中至少要有两种温度不同的流体，一种流体温度较高，放出热量；另一种流体则温度较低，吸收热量。随着我国工业的不断发展，对能源利用、开发和节约的要求不断提高，因而对换热器的要求也日益加强。对换热器的设计、制造、结构改进及传热机理的研究十分活跃，一些新型高效换热器相继问世。

　　由于换热器在工业生产中的地位和作用不同，换热器的类型也多种多样，不同类型的换热器各有优缺点，性能各异。在换热器设计中，首先应根据工艺要求选择适用的类型，然后计算换热所需传热面积，并确定换热器的结构尺寸。

　　换热器按用途不同可分为加热器、冷却器、冷凝器、蒸发器、再沸器、深冷器等。

　　换热器按传热方式的不同可分为混合式、蓄热式和间壁式。其中间壁式换热器应用最为广泛，按照传热面的形状和结构特点又可分为管壳式换热器、板面式换热器和扩展表面式换热器（板翅式、管翅式等），如表 2-1 所示。

表 2-1 换热器的结构分类

类型				特 点
间壁式	管壳式	列管式	固定管板式 刚性结构	用于管壳温差较小的情况（一般≤50℃），管间不能清洗
			固定管板式 带膨胀节	有一定的温度补偿能力，壳程只能承受低压力
			浮头式	管内外均能承受高压，可用于高温高压场合
			U 形管式	管内外均能承受高压，管内清洗及检修困难
			填料函 外填料函	管间容易泄漏，不宜处理易挥发、易爆炸及压力较高的介质
			填料函 内填料函	密封性能差，只能用于压差较小的场合
			釜式	壳体上部有个蒸发空间用于再沸、蒸煮
			双套管式	结构比较复杂，主要用于高温高压场合和固定床反应器中
			套管式	能逆流操作，用于传热面积较小的冷却器、冷凝器或预热器
			螺旋管式 沉浸式	用于管内流体的冷却、冷凝或管外流体的加热
			螺旋管式 喷淋式	只用于管内流体的冷却或冷凝
	板面式		板式	拆洗方便，传热面能调整，主要用于黏性较大的液体间换热
			螺旋板式	可进行严格的逆流操作，有自洁的作用，可用作回收低温热能
			平板式	结构紧凑，拆洗方便，通道较小、易堵，要求流体干净
			板壳式	板束类似于管束，可抽出清洗、检修，压力不能太高
混合式				适用于允许换热流体之间直接接触的场合
蓄热式				换热过程分阶段交替进行，适用于从高温炉气中回收热能的场合

二、换热器的设计要求

完善的换热器在设计或选型时应满足以下各项基本要求。

(一) 合理地实现所规定的工艺条件

传热量、流体的热力学参数（温度、压力、流量、相态等）与物理化学性质（密度、黏度、腐蚀性等）是工艺过程所规定的条件。设计者应根据这些条件进行热力学和流体力学的计算，经过反复比较，使所设计的换热器具有尽可能大的传热面积，在单位时间内传递尽可能多的热量。具体做法如下。

1. 增大传热系数

在综合考虑流体阻力及不发生流体诱发振动的前提下，尽量选择高的流速。

2. 提高平均温差

对于无相变的流体，尽量采用接近逆流的传热方式。因为这样不仅可提高平均温差，还有助于减少结构中的温差应力。在允许的条件下，可提高热流体的进口温度或降低冷流体的进口温度。

3. 妥善布置传热面

例如在管壳式换热器中，采用合适的管间距或排列方式，不仅可以加大单位空间内的传热面积，还可以改善流体的流动特性。错列管束的传热方式比并列管束的好。如果换热器中的一侧有相变，另一侧流体为气相，可在气相一侧的传热面上加翅片以增大传热面积，更有利于热量的传递。

(二) 安全可靠

换热器是压力容器，在进行强度、刚度、温差应力以及疲劳寿命计算时，应遵照我国《钢制石油化工压力容器设计规定》与《钢制管壳式换热器设计规定》等有关规定与标准。这对保证设备的安全可靠起着重要的作用。

(三) 有利于安装、操作与维修

直立设备的安装费往往低于水平或倾斜的设备。设备与部件应便于运输与装拆，在厂房移动时不会受到楼梯、梁、柱的妨碍，根据需要可添置气、液排放口，检查孔与敷设保温层。

(四) 经济合理

评价换热器的最终指标是：在一定的时间内（通常为 1 年）固定费（设备的购置费、安装费等）与操作费（动力费、清洗费、维修费等）的总和为最小。在设计或选型时，如果有几种换热器都能完成生产任务的需要，这一指标尤为重要。

动力消耗与流速的平方成正比，而流速的提高又有利于传热，因此存在一个最适宜的流速。传热面上垢层的产生和增厚，使传热系数不断降低，传热量随之减少，故有必要停止操作进行清洗。在清洗时不仅无法传递热量，还要支付清洗费，这部分费用必须从清洗后传热条件的改善得到补偿，因此存在一个最适宜的运行周期。

严格地讲，如果孤立地仅从换热器本身来进行经济核算以确定适宜的操作条件与适宜的尺寸是不够全面的，应以整个系统中全部设备为对象进行经济核算或设备的优化。但要解决这样的问题难度很大，当影响换热器的各项因素改变后对整个系统的效益影响不大时，按照上述观点单独地对换热器进行经济核算仍然是可行的。

第二节 列管式换热器的设计

一、设计方案的确定

(一) 换热器的结构类型

换热器是化工、石油、食品及其他许多工业部门的通用设备，在生产中占有重要地位。由于生产规模、物料的性质、传热的要求等各不相同，故换热器的类型也是多种多样的。

按用途它可分为加热器、冷却器、冷凝器、蒸发器和再沸器等。根据冷、热流体热量交换的原理和方式可分为三大类：混合式、蓄热式、间壁式。

(1) 直接接触式换热器又称混合式换热器。在此类换热器中，冷、热流体相互接触，相互混合传递热量。该类换热器结构简单，传热效率高，适用于冷、热流体允许直接接触和混合的场合。常见的设备有凉水塔、洗涤塔、文氏管及喷射冷凝器等。

(2) 蓄热式换热器又称回流式换热器或蓄热器。此类换热器是借助于热容量较大的固体蓄热体，将热量由热流体传给冷流体。当蓄热体与热流体接触时，从热流体处接受热量，蓄热体温度升高后，再与冷流体接触，将热量传给冷流体，蓄热体温度下降，从而达到换热的目的。此类换热器结构简单，可耐高温，常用于高温气体热量的回收或冷却。其缺点是设备的体积庞大，且不能完全避免两种流体的混合。

（3）工业上最常见的换热器是间壁式换热器。间壁式换热器又称表面式换热器或间接式换热器。在这类换热器中，冷、热流体被固体壁面隔开，互不接触，热量从热流体穿过壁面传给冷流体。该类换热器适用于冷、热流体不允许直接接触的场合。间壁式换热器的应用广泛，形式繁多，将在后面做重点介绍。

根据结构特点，间壁式换热器可以分为管壳式换热器和紧凑式换热器。

① 紧凑式换热器主要包括螺旋板式换热器、板式换热器等。

② 管壳式换热器包括了广泛使用的列管式换热器以及夹套式、套管式、蛇管式等类型的换热器。其中，列管式换热器作为一种传统的标准换热设备，在许多工业部门被大量采用。列管式换热器的特点是结构牢固，能承受高温高压，换热表面清洗方便，制造工艺成熟，选材范围广泛，适应性强及处理能力大等。这使得它在各种换热设备的竞相发展中得以继续存在下来。

使用最为广泛的列管式换热器把管子按一定方式固定在管板上，而管板则安装在壳体内。因此，这种换热器也称为管壳式换热器。常见的列管式换热器主要有固定管板式、带膨胀节的固定管板式、浮头式和 U 形管式等几种类型。

(二) 列管式换热器类型选择

根据列管式换热器的结构特点，主要分为四种。以下根据本次的设计要求，介绍几种常见的类型。

1. 固定管板式换热器

这类换热器如图 2-1 所示。固定管板式换热器的两端和壳体连为一体，管子则固定于管板上，它的结构简单，在相同的壳体直径内，排管最多，比较紧凑；由于这种结构使壳侧清洗困难，所以壳程宜用于不易结垢和便于清洁的流体。当管束和壳体之间的温差太大而产生不同的热膨胀时，易使管子与管板的接口脱开，从而发生介质的泄漏。

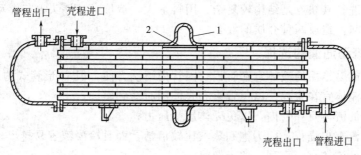

图 2-1　具有膨胀节的固定管板式换热器
1—膨胀节；2—导流筒

2. U 形管换热器

这类换热器如图 2-2 所示。U 形管换热器的结构特点是只有一块管板，换热管为 U 形，管子的两端固定在同一块管板上，其管程至少为两程。管束可以自由伸缩，当壳体与 U 形换热管有温差时，不会产生温差应力。U 形管式换热器的优点是结构简单，只有一块管板，密封面少，运行可靠；管束可以抽出，管间清洗方便。其缺点是管内清洗困难；由于管子需要一定的弯曲半径，故管板的利用率较低；管束最内程管间距大，壳程易短路；内程管子坏了不能更换，因而报废率较高。此外，其造价比固定管板式高 10% 左右。

3. 浮头式换热器

浮头式换热器的结构如图 2-3 所示。其结构特点是两端管板之一不与外壳固定连接，可在壳体内沿轴向自由伸缩，该端称为浮头。浮头式换热器的优点是当换热管与壳体间有温差

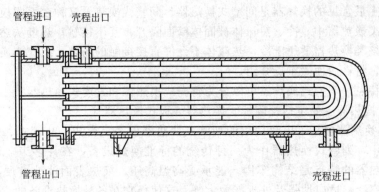

图 2-2 U形管换热器

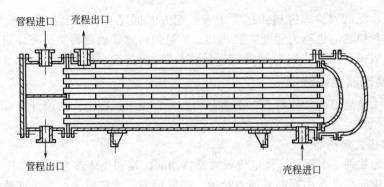

图 2-3 浮头式换热器

存在，壳体或换热管膨胀时，互不约束，不会产生温差应力；管束可以从壳体内抽出，便于管内、管间的清洗。其缺点是结构较复杂，用料量大，造价高；浮头盖与浮动管板间若密封不严，易发生泄漏，造成两种介质的混合。

(三) 冷热流体流动通道的选择

（1）不洁净或易结垢的液体宜在管程，因管内清洗方便，但U形管式的不宜走管程；

（2）腐蚀性流体宜在管程，以免管束和壳体同时受到腐蚀；

（3）压力高的流体宜在管内，以免壳体承受压力；

（4）饱和蒸汽宜走壳程，因为饱和蒸汽比较清洁，而且冷凝液容易排出；

（5）被冷却的流体宜走壳程，便于散热；

（6）若两流体温差大，对于刚性结构的换热器，宜将给热系数大的流体通入壳程，以减小热应力；

（7）流量小而黏度大的流体一般以壳程为宜，因在壳程 $Re > 100$ 即可达到湍流，但这不是绝对的，如果流动阻力损失允许，将这种流体通入管内并采用多管程结构，反而会得到更高的给热系数。

以上各点常常不可能同时满足，而且有时还会相互矛盾，故应根据具体情况，抓住主要方面，作出适宜的决定。

(四) 流动方式的选择

除逆流和并流之外，在列管式换热器中冷、热流体还可以作各种多管程多壳程的复杂流动。当流量一定时，管程或壳程越多，对流传热系数越大，对传热过程越有利。但是，采用多管程或多壳程必导致流体阻力损失，即输送流体的动力费用增加。因此，在决定换热器的程数时，需权衡传热和流体输送两方面的损失。当采用多管程或多壳程时，列管式换热器内的流动形式复杂，对数平均值的温差要加以修正。

(五) 流体流速的确定

流体在管程或壳程中的流速，不仅直接影响表面传热系数，而且影响污垢热阻，从而影响传热系数的大小，特别对于含有泥沙等较易沉积颗粒的流体，流速过低甚至可能导致管路堵塞，严重影响到设备的使用，但流速增大，又将使流体阻力增大。因此选择适宜的流速是十分重要的。根据经验，表 2-2 及表 2-3 列出了一些工业上常用的流速范围，以供参考。

表 2-2　换热器常用流速的范围

流速	循环水	新鲜水	一般液体	易结垢液体	低黏度油	高黏度油	气体
管程流速/(m/s)	1.0~2.0	0.8~1.5	0.5~3	>1.0	0.8~1.8	0.5~1.5	5~30
壳程流速/(m/s)	0.5~1.5	0.5~1.5	0.2~1.5	>0.5	0.4~1.0	0.3~0.8	2~15

表 2-3　液体在列管换热器中的流速（在钢管中）

液体黏度/(10^3Pa·s)	最大流速/(m/s)	液体黏度/(10^3Pa·s)	最大流速/(m/s)
>1500	0.6	100~53	1.5
1000~500	0.75	35~1	1.8
500~100	1.1	>1	2.4

(六) 加热剂或冷却剂的选择

一般情况下，用作加热剂或冷却剂的流体是由实际情况所确定的，但有些时候需要自行选择。在选用加热剂和冷却剂时，除首先应满足所能达到的加热或冷却温度外，还应考虑其来源、价格、使用安全性等。在化工生产中，水是常用的冷却剂，水蒸气是常用的加热剂。

(七) 流体进出口温度的确定

若以水作为冷却剂，冷却水的出口温度不宜高于 60℃，以免结垢严重。高温端的温差不应小于 20℃，低温端的温差不应小于 5℃。当两工艺物料之间进行换热时，低温端温差不应小于 20℃。在冷却或冷凝工艺物料时，冷却剂的入口温度应高于工艺物料中易结冻组分的冰点，一般高 5℃。在对反应物进行冷却时，为了控制反应，应控制物料与冷却剂之间的温差不低于 10℃。当冷凝带有惰性气体的工艺物料时，冷却剂的出口温度应低于工艺物料的露点，一般低 5℃。换热器的设计温度应高于最大使用温度，一般高 15℃。

(八) 压降的确定

工艺物料流速的大小，直接影响换热器的传热系数的大小，特别对于含有泥沙等较易沉积颗粒的流体，流速过低甚至会导致管路堵塞，严重影响设备的正常使用，但流速增加，将增加换热器的压降，增加动力消耗，并加剧腐蚀和震动破坏，因此选择适宜的流速十分重要。可使压降在一个允许的压力降范围内，表 2-4 为允许的压力降范围。

表 2-4　允许的压力降范围

工艺物料的压力状况		允许压力降 Δp/kPa
工艺气体	真空	<3.5
	常压	3.5~14
	低压	15~25
	高压	35~70
工艺液体		70~170

二、估算传热面积

(一) 热负荷的确定

单位时间内工艺上要求冷、热两流体在换热器中需要交换的热量，称为该换热器的热负荷，以 Q' 表示。这里必须说明：热负荷是生产工艺对换热器的换热能力的要求，其数值大小是由工艺换热需要所决定的；传热速率 Q 是换热器的换热能力。

载热体换热量计算就是参与换热的冷、热流体吸收或放出热量的计算。其具体计算方法如下。

1. 显热法

因载热体的温度升高或降低而吸收或放出的热称为显热。如将水由 350K 冷却到 293K 所放出的热。显热法适用于载热体在热交换过程中仅有温度变化的情况。计算式如下：

$$Q_h = G_h c_{ph}(T_1 - T_2) \tag{2-1}$$
$$Q_c = G_c c_{pc}(t_2 - t_1) \tag{2-2}$$

式中 G_h、G_c——热、冷流体的质量流量，kg/s；

c_{ph}、c_{pc}——热、冷流体进出口平均温度下的平均比热容，J/(kg·K)；

T_1、t_1——热、冷流体的进口温度，℃；

T_2、t_2——热、冷流体的出口温度，℃。

2. 潜热法

由于载热体的聚集状态发生变化而放出或吸收的热称为潜热。如 373K 水变为 373K 饱和蒸汽时所吸收的热。物质的聚集状态发生变化又称为相变，潜热法适用于载热体在热交换过程中仅有相变的情况。其相变热计算式如下：

$$Q_h = G_h r_h \tag{2-3}$$
$$Q_c = G_c r_c \tag{2-4}$$

式中 r_h、r_c——热、冷流体的相变热，J/kg。

3. 焓差法

当载热体既有温变又有相变时，采用以上两种方法确定换热量很不方便，焓差法适用于载热体有相变、无相变以及既有温变又有相变的各种情况。其计算式为：

$$Q_h = G_h(H_{h1} - H_{h2}) \tag{2-5}$$
$$Q_c = G_c(H_{c2} - H_{c1}) \tag{2-6}$$

式中 H_{h1}、H_{h2}——热流体进、出换热器的焓，J/kg；

H_{c1}、H_{c2}——冷流体进、出换热器的焓，J/kg。

(二) 传热系数

工业生产中常见的间壁式换热器传热壁面温度不太高，辐射传热量很小，辐射传热通常不予考虑。间壁两侧流体间的传热是由给热-导热-给热三个步骤组合而成的串联传热过程。

根据串联传热过程热阻的加和性可得：

$$\frac{1}{KS} = \frac{1}{\alpha_i S_i} + \frac{\delta}{\lambda S_m} + \frac{1}{\alpha_o S_o} \tag{2-7}$$

式中，S_i、S_o、S_m 分别是内、外及平均面积，壁面两侧流体的给热系数分别为 α_i 和 α_o。壁面厚度为 δ，圆筒壁材料的热导率为 λ。

圆筒壁的表面积 S 随其半径而变，不同的面积有其对应的传热系数，确定传热系数时应考虑面积的影响。若以圆筒壁外表面积 S_o 为基准，传热速率方程式为 $Q = K_o S_o \Delta t_m$，其总热阻为：

$$\frac{1}{K_o S_o} = \frac{1}{\alpha_i S_i} + \frac{\delta}{\lambda S_m} + \frac{1}{\alpha_o S_o} \qquad (2\text{-}8)$$

若圆筒壁的内径为 d_i，外径为 d_o，平均直径为 d_m，则 $\frac{S_o}{S_i} = \frac{d_o}{d_i}$，$\frac{S_o}{S_m} = \frac{d_o}{d_m}$，式(2-8)又可写为：

$$K_o = \frac{1}{\dfrac{d_o}{\alpha_i d_i} + \dfrac{\delta d_o}{\lambda d_m} + \dfrac{1}{\alpha_o}} \qquad (2\text{-}9)$$

若考虑管内、外流体的污垢热阻 R_{si} 和 R_{so}，按串联热阻的概念，则可写为：

$$\frac{1}{K_o} = \frac{d_o}{\alpha_i d_i} + R_{si}\frac{d_o}{d_i} + \frac{\delta d_o}{\lambda d_m} + R_{so} + \frac{1}{\alpha_o} \qquad (2\text{-}10)$$

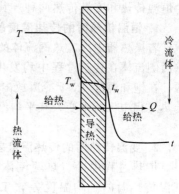

图 2-4　间壁式换热器
串联换热分析

由于污垢的厚度及其热导率难以测定，工程计算时，通常是根据经验选用污垢热阻值。表 2-5 列出了工业上常见流体污垢热阻的大概范围以供参考。

表 2-5　污垢热阻 R_s 的大致数值范围

流　体	$R_s/(\mathrm{m^2 \cdot K/kW})$	流　体	$R_s/(\mathrm{m^2 \cdot K/kW})$
水（$u<1\mathrm{m/s}, t<50℃$）		液体	
蒸馏水	0.09	处理过的盐水	0.264
海水	0.09	有机物	0.176
清净的河水	0.21	燃料油	1.06
未处理的凉水塔用水	0.58	焦油	1.76
经处理的凉水塔用水	0.26	气体	
经处理的锅炉用水	0.26	空气	0.26～0.53
硬水、井水	0.58	溶剂蒸汽	0.14

表 2-6 中列出了常见流体在列管换热器中传热系数 K 的经验值，供设计计算时参考。

表 2-6　列管换热器中传热系数 K 的经验值

冷流体	热流体	传热系数/$[\mathrm{W/(m^2 \cdot K)}]$
水	水	850～1700
水	气体	17～280
水	有机溶剂	280～850
水	轻油	340～910
水	重油	60～280
水	水蒸气冷凝	1420～4250
气体	水蒸气冷凝	30～300
水	低沸点烃类冷凝	455～1140
水沸腾	水蒸气冷凝	2000～4250
轻油沸腾	水蒸气冷凝	455～1020

（三）平均传热温差

在间壁式换热器中，按流体在沿着传热面流动时的各点温度变化情况，可将传热过程分为恒温传热和变温传热两种。其平均温度差 Δt_{m} 的计算方法各不相同，下面分别给予介绍。

1. 恒温传热时的传热温度差

若换热器内冷、热两流体的温度在传热过程中都是恒定的，称为恒温传热。通常传热间壁两侧流体在传热过程中均发生相变时，就是恒温传热。如在蒸发器内用饱和蒸汽作为热源，在饱和温度 T_{s} 下冷凝放出潜热；液体物料在沸点温度 t_{s} 下吸热汽化。T_{s} 和 t_{s} 在整个传热过程中保持不变，其平均温度差为：

$$\Delta t_{\mathrm{m}} = T_{\mathrm{s}} - t_{\mathrm{s}} \tag{2-11}$$

2. 变温传热时的传热温度差

传热过程中冷、热两流体中有一个或两个流体温度发生变化时，则称为变温传热。变温传热时的平均温度差，工程上可用换热器两端热、冷流体温度差的对数平均值表示，即

$$\Delta t_{\mathrm{m}} = \frac{\Delta t_{大} - \Delta t_{小}}{\ln \dfrac{\Delta t_{大}}{\Delta t_{小}}} \tag{2-12}$$

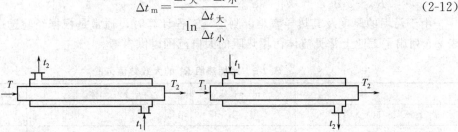

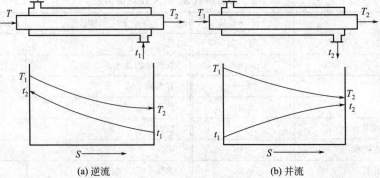

(a) 逆流　　　　　　　　　　(b) 并流

图 2-5　逆、并流流动时的温度分布

在计算第一种变温传热以及第二种变温传热中并流和逆流的平均温度差时，只要能正确地判断两流体的相对流向，画出流体温度分布的简图（图 2-5），计算出热、冷流体在换热器两端的温度差 $\Delta t_{大}$ 和 $\Delta t_{小}$，代入上式中即可得出传热平均温度差 Δt_{m}。

(四) 估算面积

在估算传热面积时，可根据冷、热流体的具体情况，计算并参考换热器传热系数的大致范围，选取合适的 K 值，再利用传热速率总方程式，初步确定所需的传热面积：

$$Q = KS\Delta t_{\mathrm{m}} \tag{2-13}$$

$$S = \frac{Q}{K\Delta t_{\mathrm{m}}} \tag{2-14}$$

式中　S——换热器的传热面积，m^2；

　　　Q——单位时间内通过传热壁面的热量，称为传热速率，W；

　　　Δt_{m}——冷热流体的平均温度差，℃；

　　　K——比例系数，称为传热系数，$\mathrm{W/(m^2 \cdot K)}$。

在一般的设计中，Δt_{m} 可先按纯逆流计算，然后，待确定了换热器结构后，再进行适当校正。考虑到估算性质的影响，常取传热面积为计算值的 1.15～1.25 倍。

三、工艺结构尺寸的确定

(一) 换热器制材的选择

在进行换热器设计时，换热器各种零、部件的材料，应根据设备的操作压力、操作温度、流体的腐蚀性能以及对材料的制造工艺性能等的要求来选取。当然，最后还要考虑材料的经济合理性。一般为了满足设备的操作压力和操作温度，即从设备的强度或刚度的角度来考虑，是比较容易达到的，但材料的耐腐蚀性能有时往往成为一个复杂的问题。在这方面考虑不周，选材不妥，不仅会影响换热器的使用寿命，而且会大大提高设备的成本。至于材料的制造工艺性能，与换热器的具体结构有着密切关系。一般换热器常用的材料有碳钢和不锈钢。

1. 碳钢

价格低，强度较高，对碱性介质的化学腐蚀比较稳定，很容易被酸腐蚀，在无耐腐蚀性要求的环境中应用是合理的。如一般换热器用的普通无缝钢管，其常用的材料为 10 号和 20 号碳钢。

2. 不锈钢

奥氏体系不锈钢以 1Cr18Ni9Ti 为代表，它是标准的 18-8 奥氏体不锈钢，有稳定的奥氏体组织，具有良好的耐腐蚀性和冷加工性能。

(二) 换热管管径的确定

换热管的直径越小，换热器结构越紧凑，单位体积换热器的传热面积越大，且给热系数越大。但是，管径越小，换热器的压降就越大。因此对较清洁的结垢不严重的流体及在压降允许的条件下，管径可取小一些，反之考虑到清洗方便，则应取大管径。对一般的流体，可选用 $\phi19mm\times2mm$ 的管子；对易结垢的物料，为清洗方便，通常选用 $\phi25mm\times2.5mm$ 的管子；对于有气液两相流的工艺物流，一般选用较大的管径，例如再沸器、锅炉，多采用 32mm 的管子；直接火加热时多采用 76mm 的管子。

(三) 换热管管长的确定

无相变时，管子加长，传热系数增加；在相同传热面积时，所需的管子数减少。但同时由于管长增加而导致压力降增加；且管子容易弯曲、不易清洗、制造困难。因此管长的选择应综合考虑，以清洗方便和合理使用管材为原则。我国钢管的出厂规格一般为 6m、9m、12m，所以，在合理用材上考虑，管长应以 1.5m、2m、3m、6m 为宜，当特殊需要时也可取 9m、12m。列管换热器的长径比在 4～25 之间，但以 6～10 最为常见，细长的换热器投资少。若换热器竖直放置时，考虑其稳定性，长径比为 4～6 为宜。

(四) 换热管排列方式的确定

常用换热管规格有 $\phi19mm\times2mm$、$\phi25mm\times2mm$ （1Cr18Ni9Ti）、$\phi25mm\times2.5mm$ （碳钢10）。小直径的管子可以承受更大的压力，而且管壁较薄；同时，对于相同的壳径，可排列较多的管子，因此单位体积的传热面积更大，单位传热面积的金属耗量更少。换热管管板上的排列方式有正方形直列、正方形错列、三角形直列、三角形错列和同心圆排列（如图 2-6 所示）。

正三角形排列结构紧凑，在一定的壳程内可排较多的管子，管外流体湍流程度高，给热系数大，应用最广；正方形排列便于机械清洗，故适用于壳程流体易于结垢的情况，但给热系数较正三角形排列时小；同心圆排列用于小壳径换热器，外圆管布管均匀，结构更为紧凑。我国换热器系列中，固定管板式多采用正三角形排列；浮头式则以正方形错列排列居多，也有正三角形排列。正三角形排列时，管子在管板上的排列数目和六边形的圈数可查表 2-7。

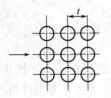

(a) 正方形直列

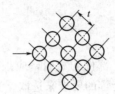

(b) 正方形错列

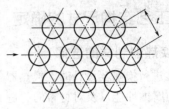

(c) 三角形直列

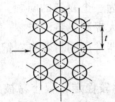

(d) 三角形错列

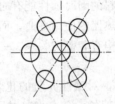

(e) 同心圆排列

图 2-6　换热管在管板上的排列方式

表 2-7　按六边形排列时管子的根数

六角形的层数 a	对角线上的管子数 n_c	不计弓形部分时管子的根数	弓形部分的管子数				换热器内管子的总根数
			在弓形的第一排	在弓形的第二排	在弓形的第三排	在弓形部分内的管子总数	
1	3	7					7
2	5	19					19
3	7	37					37
4	9	61					61
5	11	91					91
6	13	127					127
7	15	169	3			18	187
8	17	217	4			24	241
9	19	271	5			30	301
10	21	331	6			36	367
11	23	397	7			42	439
12	25	469	8			48	517
13	27	547	9	2		66	613
14	29	631	10	5		90	721
15	31	721	11	6		102	823
16	33	817	12	7		114	931
17	35	919	13	8		126	1045
18	37	1027	14	9		138	1165
19	39	1141	15	12		162	1303
20	41	1261	16	13	4	198	1459
21	43	1387	17	14	7	228	1615
22	45	1519	18	15	8	246	1765
23	47	1657	19	16	9	264	1921

(五) 换热管数的确定

根据传热面积 $S = n\pi dL$，可以确定所需的换热管数：

$$n = \frac{S}{\pi dL} \qquad (2\text{-}15)$$

若选定换热管在管板上的排列方式为正三角六边形排列，则由计算所得的 n 值在表 2-7 中查到相近的管子数，作为换热器内实际的换热管数。并记下六角形的层数 a、对角线上的管子数 n_c 以及在弓形内各排的管子数，以备换热器外壳直径的确定和在管板上排列打孔使用。

(六) 折流挡板的确定

安装折流挡板的目的是为了提高管外给热系数，为了取得良好的传热效果，挡板的形状和间距必须适当。换热器内最常用的折流挡板是圆缺形挡板，圆缺形挡板弓形缺口的大小对壳程流体的流动情况有着重要的影响，弓形缺口太大或太小都会产生"死区"，既不利于传热，又往往增加流体阻力（如图 2-7 所示）。一般来说，切去的弓形部分高度为壳内径的 $20\%\sim25\%$，板间距 h（两相邻挡板之间的距离）为 $0.2\sim1$ 倍的壳内径。我国系列标准中常采用的 h 值为：固定管板式有 100mm、150mm、200mm、300mm、600mm、700mm 六种；浮头式有 100mm、150mm、200mm、250mm、300mm、350mm、450mm、600mm 八种。

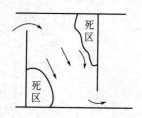 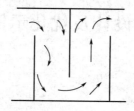 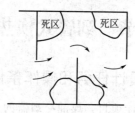

(a) 缺口高度过小,板间距过大　　　(b) 正确　　　(c) 缺口高度过大,板间距过小

图 2-7　挡板缺口高度和板间距的影响

(七) 换热器外壳直径的确定

当换热管数和排列方式确定以后，初步设计换热器壳体内径可按式(2-16)进行计算：

$$D = t(n_c - 1) + 2e \qquad (2\text{-}16)$$

式中　D——壳体内径，mm；

　t——两换热管的管中心距离，mm；

　n_c——最外层的六边形对角线上的管子数；

　e——六边形对角线上最外层的管中心到壳体内壁的距离，一般取 $e = (1\sim1.5)$
　　　d_o，mm。

相邻两换热管的管中心距离 t 随换热管与管板的连接方法不同而异。通常，胀管法 $t = (1.3\sim1.5)d_o$，且相邻两管外壁间距不应小于 6mm。焊接法取 $t = 1.25d_o$。

最后，可根据壳径的计算值选取一个尺寸相近的标准壳体内径。壳体标准尺寸示于表 2-8。

表 2-8　壳体标准尺寸

壳体外径/mm	325	400,500,600,700	800,900,1000	1100,1200
最小壁厚/mm	8	10	12	14

(八) 换热器进、出口管径的确定

换热器管、壳程流体的进、出口管径若设计得不当，会对传热和流动阻力带来不利影响。换热器管、壳程流体的进、出口管径的设计主要是确定流体的流速，当流速被确定后，即按第一章流体流动的有关内容确定管径。

1. 管程进、出口管内流体流速的确定

实践表明，换热器平卧放置时，水平布置的进、出口管不利于管程流体的均匀分布。换热器竖直放置时，进、出口管布置在换热器底部和顶部使流体向上流动，则流体分布较为均匀。

管程流体进、出口的流速可按式(2-17)进行估算：

$$\rho u^2 < 3300 \tag{2-17}$$

式中　u——进出口管内流体的流速，m/s；

　　　ρ——流体的密度，kg/m^3。

2. 壳程进、出口管内流体流速的确定

壳程进、出口管径设计的优劣对管束寿命影响较大。壳程流体在入口处横向冲刷管束，使得管束发生磨损和震动。当流体的流速较大且含有固体颗粒时，应在入口处安装防冲挡板。壳程进、出口管内的流体流速可按式(2-18)进行估算：

$$\rho u^2 < 2200 \tag{2-18}$$

第三节　列管式换热器设计及优化示例一

一、设计任务和操作条件

设计项目：煤油冷却器的设计。

设计课题工程背景：在石油化工生产过程中，常常需要将各种石油产品（如汽油、煤油、柴油等）进行冷却，本设计以某炼油厂冷却煤油产品为例，让学生熟悉列管式换热器的设计过程。

设计的目的：通过对冷却煤油产品的列管式换热器的设计，达到让学生了解该换热器的结构特点，并能根据工艺要求选择适当的类型，同时还能根据传热的基本原理，选择流程，确定换热器的基本尺寸，计算传热面积以及计算流体阻力的目的。

(一) 具体操作条件

1. 处理能力

15万吨/年煤油。

2. 设备类型

列管式换热器。

3. 操作条件

(1) 煤油　入口温度130℃，出口温度50℃。

(2) 冷却介质　自来水，入口温度25℃，出口温度45℃。

(3) 允许压强降　不大于100kPa。

(4) 煤油定性温度下的物性数据　密度825kg/m³，黏度7.15×10^{-4} Pa·s，比热容2.22kJ/(kg·℃)，热导率0.14W/(m·℃)。

(5) 每年按330天计，每天24小时连续运行。

4. 设计项目

(1) 设计方案简介　对确定的工艺流程及换热器类型进行简要论述。

（2）换热器的工艺计算　确定换热器的传热面积。

（3）换热器的主要结构尺寸设计。

（4）主要辅助设备选型。

（5）绘制换热器总装配图。

（二）设计说明书的内容

（1）目录；

（2）设计题目及原始数据（任务书）；

（3）论述换热器总体结构（换热器类型、主要结构）的选择；

（4）换热器加热过程有关计算（物料衡算、热量衡算、传热面积、换热管型号等）；

（5）设计结果概要（主要设备尺寸、衡算结果等）；

（6）主体设备设计计算及说明；

（7）主要零件的强度计算（选做）；

（8）附属设备的选择（选做）；

（9）参考文献；

（10）后记及其他。

（三）设计图要求

用 594mm×841mm 图纸绘制换热器：一主视图，一俯视图，一剖面图，两个局部放大图。

（四）设计思考题

（1）设计列管式换热器时，通常都应选用标准型号的换热器，为什么？

（2）为什么在化工厂使用列管式换热器最广泛？

（3）在列管式换热器中，壳程有挡板和没有挡板时，其对流传热系数计算方法有何不同？

（4）说明列管式换热器的选型计算步骤。

（5）在换热过程中，冷却剂的进出口温度是按什么原则确定的？

（6）说明常用换热管的标准规格（管径和管长）。

（7）列管式换热器中，两流体的流动方向是如何确定的？比较其优缺点。

（五）部分设计问题指导

（1）列管式换热器基本类型的选择。

（2）冷却剂的进出口温度的确定原则。

（3）流体流向的选择。

（4）流体流速的选择。

（5）管子的规格及排列方法。

（6）管程数和壳程数的确定。

（7）挡板的类型。

二、确定设计方案

（一）选择换热器的类型

两流体温度的变化情况：热流体进口温度 130℃，出口温度 50℃；冷流体进口温度 25℃，出口温度为 45℃。该换热器用循环冷却水冷却，冬季操作时，其进口温度会降低，考虑到这一因素，估计该换热器的管壁温度和壳体温度之差较大，因此初步确定选用列管式换热器。

(二) 管程安排

从两物流的操作压力看，应使煤油走管程，循环冷却水走壳程。但由于循环冷却水较易结垢，若其流速太低，将会加快污垢增长速度，使换热器的热流量下降，所以从总体考虑，应使循环水走管程，煤油走壳程。

三、设计及优化步骤

(一) 设计参数

因为水为低黏度流体，其定性温度可取流体进出口温度的平均值。故其定性温度为：$t = \dfrac{45+25}{2} = 35℃$。查表得水在 35℃ 时的有关物性数据如下：密度 994kg/m³，黏度 0.727×10⁻³Pa·s，比热容 4.187kJ/(kg·℃)，热导率 0.626W/(m·℃)。

煤油的定性温度为 $t = \dfrac{130+50}{2} = 90℃$，查表得煤油在 90℃ 时的有关物性数据如下：密度 825kg/m³，黏度 7.15×10⁻⁴Pa·s，比热容 2.22kJ/(kg·℃)，热导率 0.14W/(m·℃)。

(二) 计算总传热系数

1. 热流量

$$m_h = 15×10000×1000/ (330×24×3600) = 5.261 (kg/s)$$

$$Q = m_h c_{ph}(T_1-T_2) = 5.261×2.22×1000×(130-50) = 934353 (W)$$

2. 冷却水用量

$$m_h = \frac{Q}{c_{pc}(t_2-t_1)} = \frac{934353×3600}{4.187×10^3×(45-25)} = 40168 (kg/h)$$

3. 计算两流体的平均温度差

暂按单壳程、多管程进行计算。

$$\Delta t'_m = \frac{\Delta t_2-\Delta t_1}{\ln \dfrac{\Delta t_2}{\Delta t_1}} = \frac{(130-45)-(50-25)}{\ln \dfrac{130-45}{50-25}} = 49.0 (℃)$$

而 $P = \dfrac{t_2-t_1}{T_1-t_1} = \dfrac{45-25}{130-25} = 0.19$，$R = \dfrac{T_1-T_2}{t_2-t_1} = \dfrac{130-50}{45-25} = 4$

查表得：$\varphi_{\Delta t} = 0.87$，所以

$$\Delta t_m = \varphi_{\Delta t} × \Delta t'_m = 0.87×49.0 = 42.63 (℃)$$

4. 计算传热面积

求传热面积需要先知道 K 值，根据资料查得煤油和水之间的传热系数在 350W/(m²·℃) 左右，先取 K 值为 300W/(m²·℃) 计算。

由 $Q = KS\Delta t_m$ 得：

$$S = \frac{Q}{K\Delta t_m} = \frac{934353}{300×42.63} = 73.1 (m^2)$$

(三) 工艺结构尺寸

1. 管径和管内流速

选用 $\phi 25mm \times 2.5mm$ 较高级冷拔传热管（碳钢），取管内流速 $u = 0.7 m/s$。

2. 管程数和传热管数

$$n_s = \frac{V}{\frac{\pi}{4}d_i^2 u} = \frac{40168/(3600 \times 994)}{0.785 \times 0.02^2 \times 0.7} \approx 51 （根）$$

按单程计算所需传热管的长度：

$$L = \frac{S}{\pi d_o n_s} = \frac{73.1}{3.14 \times 0.025 \times 51} = 18.3 （m）$$

单程管计算，传热管过长，采用多管程结构。取 $l = 4.5m$，则换热器的程数为：

$$N_p = L/l = 18.3/4.5 \approx 4$$

所以传热管总根数 $N = 4 \times 51 = 204 （根）$。

3. 传热管的排列和分程方法

采用组合排列方法，即每程内均按正三角形排列。取管心距 $t = 1.25 d_o$，则：

$$t = 1.25 \times 25 = 31.25 \approx 32 （mm）$$

横过管束中心的管数为：

$$n_c = 1.1 \sqrt{N} = 1.1 \times \sqrt{204} = 16 （根）$$

4. 壳体内径

采用多管程结构，取管板利用率 $\eta = 0.7$，则壳体内径为：

$$D = 1.05t\sqrt{N/\eta} = 1.05 \times 32\sqrt{204/0.7} = 573.6 （mm）$$

可取整壳体公称直径 $D = 600mm$。

5. 折流板

采用弓形折流板，取弓形折流板圆缺高度为壳体内径的 25%，则切去的圆缺高度为：

$$h = 0.25 \times 600 = 150 （mm）$$

取折流板间距 $B = 0.4D \qquad B = 0.4 \times 600 = 240 （mm）$

则可取挡板间距为 300mm。

折流挡板数 $N_B = \dfrac{\text{传热管长}}{\text{折流板间距}} - 1 = 4500/300 - 1 = 14 （块）$

折流板圆缺面水平装配。

6. 接管

壳程流体进出口接管：取接管内煤油流速为 $u_1 = 1.0 m/s$，则接管内径为：

$$d_1 = \sqrt{\frac{4V_1}{\pi u_1}} = \sqrt{\frac{4 \times 5.261}{825 \times 3.14 \times 1.0}} = 0.090 （m）$$

取整后圆管内径可取为 100mm。

管程流体进出口接管：取接管内循环水流速 $u_2 = 1.5 m/s$，则接管内径为：

$$d_2 = \sqrt{\frac{4V_2}{\pi u_2}} = \sqrt{\frac{4 \times 40168}{3600 \times 994 \times 3.14 \times 1.5}} = 0.098 （m）$$

取整后圆管内径也可取为 100mm。

所以各接管处的圆管内径都可取 100mm。

根据以上各数据的分析，可选用 G600IV-1.0-77 型换热器。其有关参数见表2-9。

表 2-9 G600Ⅳ-1.0-77型换热器参数

壳径/mm	600	管子尺寸/mm	$\phi 25 \times 2.5$
公称压强/MPa	1.0	管长/m	4.5
公称面积/m²	77	管子总数	222
管程数	4	中心管子数	17
壳程数	1	管子排列方法	正三角形

此换热器的实际传热面积：

$$S_0 = n\pi dl = 222 \times 3.14 \times 0.025 \times 4.5 = 78.4 \ (\text{m}^2)$$

若选择该型号的换热器，则要求过程的总传热系数为：

$$K_0 = \frac{Q}{S_0 \Delta t_m} = \frac{934353}{78.4 \times 42.63} = 279.6 \ [\text{W}/(\text{m} \cdot \text{℃})]$$

(四) 换热器核算

1. 热流量核算

（1）壳程对流传热系数　对圆缺折流板，用克恩法计算：

$$\alpha_o = 0.36 \frac{\lambda_1}{d_e} Re_o^{0.55} Pr^{\frac{1}{3}} \left(\frac{\mu}{\mu_w}\right)^{0.14}$$

当量直径由正三角形排列得：

$$d_e = \frac{4\left(\frac{\sqrt{3}}{2}t^2 - \frac{\pi}{4}d_o^2\right)}{\pi d_o} = \frac{4 \times \left(\frac{\sqrt{3}}{2} \times 0.032^2 - \frac{\pi}{4} \times 0.025^2\right)}{3.14 \times 0.025} = 0.020 \ (\text{m})$$

壳程流通最大截面积：

$$S_o = BD\left(1 - \frac{d_o}{t}\right) = 0.3 \times 0.6 \times \left(1 - \frac{0.025}{0.032}\right) = 0.039 \ (\text{m}^2)$$

壳程流体流速为：

$$u_o = \frac{v}{s_o} = \frac{5.261}{825 \times 0.039} = 0.164 \ (\text{m/s})$$

雷诺数：

$$Re_o = \frac{d_e u_o \rho}{\mu} = \frac{0.020 \times 0.164 \times 825}{7.15 \times 10^{-4}} = 3785$$

普朗特数：

$$Pr_o = \frac{c_p \mu}{\lambda} = \frac{2.22 \times 1000 \times 7.15 \times 10^{-4}}{0.14} = 11.34$$

黏度校正：

$$\left(\frac{\eta}{\eta_w}\right)^{0.14} \approx 1$$

所以，$\alpha_o = 0.36 \times \dfrac{0.14}{0.020} \times (3785)^{0.55} \times 11.34^{\frac{1}{3}} \times 1 = 526 \ [\text{W}/(\text{m} \cdot \text{℃})]$

（2）管程对流传热系数

$$\alpha_i = 0.023 \frac{\lambda_i}{d_i} Re_i^{0.8} Pr_i^{0.4}$$

管程流体流通截面积：

$$S_i = \frac{\pi}{4} d_i^2 \frac{N}{N_p} = \frac{\pi}{4} \times 0.02^2 \times \frac{222}{4} = 0.017 \ (\text{m}^2)$$

管程流体流速为：

$$u_i = \frac{v}{s_i} = \frac{40168}{3600 \times 994 \times 0.017} = 0.66 \text{ (m/s)}$$

雷诺数：
$$Re_i = \frac{d_i u_i \rho}{\mu} = \frac{0.02 \times 0.66 \times 994}{0.727 \times 10^{-3}} = 18048$$

普朗特数：
$$Pr_i = \frac{c_p \mu}{\lambda} = \frac{4.187 \times 1000 \times 0.727 \times 10^{-3}}{0.626} = 4.86$$

所以，$\alpha_i = 0.023 \times \dfrac{0.626}{0.02} \times 18048^{0.8} \times 4.86^{0.4} = 3444 \ [\text{W/(m} \cdot \text{℃)}]$

（3）污垢热阻管内、外侧污垢热阻可分别取为：
$$R_{si} = 0.00034 \text{ (m} \cdot \text{℃/W)}, R_{so} = 0.00017 \text{ (m} \cdot \text{℃/W)}$$

（4）总传热系数 K

$$K = 1 / \left(\frac{1}{\alpha_o} + R_{so} + \frac{b d_o}{\lambda d_m} + \frac{d_o}{\alpha_i d_i} + R_{si} \frac{d_o}{d_i} \right)$$

$$= \frac{1}{\dfrac{1}{526} + 0.00017 + \dfrac{0.0025 \times 0.025}{45.3 \times 0.0225} + 0.00034 \times \dfrac{25}{20} + \dfrac{25}{3444 \times 20}}$$

$$= 342.4 \ [\text{W/(m} \cdot \text{℃)}]$$

在规定的流动条件下，计算出的 K 值为 342.4W/(m·℃)，因为 $\dfrac{K}{K_0} = \dfrac{342.4}{279.6} = 1.22$，在 1.15～1.25，故所选择的换热器是合适的。

（5）传热面积 S

$$S = \frac{Q}{K \Delta t_m} = \frac{934353}{342.4 \times 42.63} = 64.0 \text{ (m}^2)$$

该换热器的实际传热面积：$S_0 = 78.4 \text{m}^2$

该换热器的面积裕度为：

$$H = \frac{S_p - S}{S} \times 100\% = \frac{78.4 - 64.0}{64.0} \times 100\%$$

$$= 22.5\%$$

传热面积裕度合适，所以该换热器能够完成生产任务。

2. 核算压强降

（1）管程压强降

$$\sum \Delta p_i = (\Delta p_1 + \Delta p_2) F_t N_p N_s$$

式中　Δp_1，Δp_2——直管和回弯管中因摩擦阻力引起的压强降；

　　　　F_t——结垢校正因数，量纲为 1，对 $\phi 25\text{mm} \times 2.5\text{mm}$ 的传热管取 1.4；

　　　　N_p——管程数，$N_p = 4$；

　　　　N_s——串联的壳程数，$N_s = 1$。

管程流通面积为：

$$A_i = \frac{\pi}{4} d_i^2 \frac{N}{N_p} = \frac{\pi}{4} \times 0.02^2 \times \frac{222}{4} = 0.0174 \text{ (m}^2)$$

管程流体流速为：

$$u_i = \frac{v_s}{A_i} = \frac{40168}{3600 \times 994 \times 0.0174} = 0.645 \text{ (m/s)}$$

雷诺数：$Re_i = \dfrac{d_i u_i \rho}{\mu} = \dfrac{0.02 \times 0.645 \times 994}{0.727 \times 10^{-3}} = 17638$（湍流）

设管壁粗糙度 $\varepsilon = 0.1\text{mm}$，$\dfrac{\varepsilon}{d_i} = \dfrac{0.1}{20} = 0.005$，由 λ-Re 关系图中可查得：

$$\lambda = 0.035$$

所以： $\Delta p_1 = \lambda_i \dfrac{l}{d_i} \times \dfrac{u_i^2}{2} \rho_i = 0.035 \times \dfrac{4.5}{0.02} \times \dfrac{0.645^2}{2} \times 994 = 1628\ (\text{Pa})$

$$\Delta p_2 = \zeta \dfrac{u_i^2}{2} \rho_i = 3 \times \dfrac{0.645^2}{2} \times 994 = 620\ (\text{Pa})$$

$$\sum \Delta p_i = (1628 + 620) \times 1.4 \times 4 \times 1 = 12589\ (\text{Pa}) < 100\ (\text{kPa})$$

因此，管程压强降在允许的范围内。

（2）壳程压强降

$$\sum \Delta p_o = (\Delta p_1' + \Delta p_2') F_s N_s$$

式中 $\Delta p_1'$——流体横过管束的压强降；

$\Delta p_2'$——流体通过折流板缺口的压强降；

F_s——壳程压强降的结垢校正因数，量纲为 1，对液体可取 1.15，其中，$\Delta p_1' = $

$Ff_o n_o (N_B + 1) \dfrac{\rho u_o^2}{2}$，$\Delta p_2' = N_B \left(3.5 - \dfrac{2B}{D}\right) \dfrac{\rho u_o^2}{2}$；

F——管子排列方法对压强降的校正因数，对正三角形排列 $F = 0.5$；

f_o——壳程流体的摩擦系数，当 $Re_o > 500$ 时，$f_o = 5.0 Re_o^{-0.228}$；

n_o——横过管束中心线的管子数，16 根；

N_B——折流挡板数，14 块；

B——折流挡板间距，0.3m；

u_o——按壳程流通面积 A_o 计算的流速，而 $A_o = B(D - n_o d_o)$。

壳程流通截面积：

$$A_o = B(D - n_c d_o) = 0.3 \times (0.6 - 16 \times 0.025) = 0.06\ (\text{m}^2)$$

壳程流体流速为：

$$u_o = \dfrac{v_s}{A_o} = \dfrac{5.261}{825 \times 0.06} = 0.11\ (\text{m/s})$$

雷诺数： $Re_o = \dfrac{d_o u_o \rho}{\mu} = \dfrac{0.025 \times 0.11 \times 825}{7.15 \times 10^{-4}} = 3173 > 500$

$$f_o = 5.0 Re_o^{-0.228} = 5.0 \times 3173^{-0.228} = 0.80$$

所以： $\Delta p_1' = 0.5 \times 0.80 \times 16 \times (14 + 1) \times \dfrac{825 \times 0.11^2}{2} = 479\ (\text{Pa})$

$$\Delta p_2' = 14 \times \left(3.5 - \dfrac{2 \times 0.3}{0.6}\right) \times \dfrac{825 \times 0.11^2}{2} = 175\ (\text{Pa})$$

$$\sum \Delta p_o = (479 + 175) \times 1.15 \times 1 = 752\text{Pa} < 100\ (\text{kPa})$$

因此，壳程压强降在允许的范围内。

综上所述，管程和壳程压强降都能满足题设要求。

表 2-10 列出换热器设计及优化一览表。

表 2-10 换热器设计及优化一览表

参 数		管 程	壳 程	
进、出口温度/℃		25/45	130/50	
压力/MPa		1.0	1.0	
物性	定性温度/℃	35	90	
	密度/(kg/m³)	994	825	
	定压比热容/[kJ/(kg·K)]	4.187	2.22	
	黏度/(Pa·s)	$0.727×10^{-3}$	$7.15×10^{-4}$	
	热导率/[W/(m·K)]	0.626	0.14	
	普朗特数	4.86	11.34	
形式		固定管板式	壳程数	1
壳体内径/mm		600	台数	1
管径/mm		$\phi25×2.5$	管心距/mm	32
管长/mm		4500	管子排列	正三角形排列
管数目/根		222	折流板数/个	14
传热面积/m²		78.4	折流板间距/mm	300
管程数		4	材质	碳钢
主要计算结果		管程	壳程	
流速/(m/s)		0.66	0.164	
表面传热系数/[W/(m²·K)]		3444	526	
污垢热阻/(m²·K/W)		0.00034	0.00017	
阻力/kPa		12.589	0.752	
热流量/kW		934.353		
传热温差/K		55		
裕度/%		22.5		

第四节　列管式换热器设计及优化示例二

一、设计任务和操作条件

1. 处理能力

356000kg/h 的混合气体。

2. 设备类型

列管式换热器。

3. 操作条件

(1) 混合气体　入口温度 103℃，出口温度 42℃。

(2) 冷却介质　自来水，入口温度 21℃，出口温度 32℃。

(3) 允许压降　不大于 100kPa。

4. 混合气体定性温度下的物性数据

密度 90kg/m³，黏度 $1.5×10^{-5}$Pa·s，比热容 3.297kJ/(kg·℃)，热导率 0.0279W/

（m·℃）。

5. 设计要求

（1）选择适宜的列管换热器并核算；

（2）传热计算；

（3）管、壳程流体阻力的计算；

（4）计算结果表；

（5）总结。

二、确定设计参数

混合气体的定性温度：$T_1 = \dfrac{103+42}{2} = 72.5$（℃）

水的定性温度：$T_2 = \dfrac{21+32}{2} = 26.5$（℃）

定性温度下流体的物性列于表 2-11。

表 2-11　定性温度下流体的物性

项目	$\rho/(kg/m^3)$	$c/[kJ/(kg·℃)]$	$\mu/Pa·s$	$\lambda/[W/(m·℃)]$
混合气体	90	3.297	1.5×10^{-5}	0.0279
水	996.95	4.178	0.9027	0.608

三、设计及优化步骤

(一) 计算总传热系数

1. 热流量的计算

$$Q = m_o c_{po} \Delta t = \frac{356000}{3600} \times 3.297 \times 10^3 \times (103-42) = 19888.2 (kW)$$

$$\Delta t_{m1} = \frac{\Delta t_1 - \Delta t_2}{\ln \dfrac{\Delta t_1}{\Delta t_2}} = \frac{(103-32)-(42-21)}{\ln \dfrac{103-32}{42-21}} = 41.05 （℃）$$

2. 冷却水的用量

$$m_i = \frac{Q}{c_{pi} \Delta t} = \frac{19888.2}{4.178 \times (32-21)} = 432.75 （kg/s）$$

3. 计算传热面积

求传热面积需要先知道 K 值，先假设 K 值为 $300W/(m^2·℃)$ 进行计算。

由 $Q = KS\Delta t_m$ 得：

$$S = \frac{Q}{K\Delta t_{m1}} = \frac{19888.2 \times 10^3}{300 \times 41.05} = 1614.96 （m^2）$$

(二) 工艺结构尺寸

1. 管径和管内流速

选用 $\phi 25mm \times 2.5mm$ 较高级冷拔传热管（碳钢），取管内流速 $u = 0.5m/s$。

2. 管程数和传热管数

可依据传热管内径和流速确定单程传热管数：

$$n_s = \frac{V}{\frac{\pi}{4}d_i^2 u} = \frac{432.7/996.95}{0.785 \times 0.02^2 \times 0.5} = 2765$$

按单程管计算，所需的传热管长度为：

$$L = \frac{S}{\pi d_o n_s} = \frac{1614.96}{3.14 \times 0.025 \times 2765} \approx 7.4 \text{ （m）}$$

按单程管设计，传热管过长，宜采用多管程结构。根据本设计实际情况，采用非标设计，现取传热管长 $l = 4.5\text{m}$，则该换热器的管程数为：

$$N_p = \frac{L}{l} = \frac{7.4}{4.5} = 1.64 \approx 2$$

传热管总根数：

$$n_t = 2765 \times 2 = 5530$$

3. 平均传热温差校正及壳程数

$$R = \frac{103 - 42}{32 - 21} = 5.545$$

$$P = \frac{32 - 21}{103 - 21} = 0.134$$

按单壳程，双管程结构得：

$$\varepsilon_{\Delta t} = 0.97$$

平均传热温差 $\Delta t_m = \varepsilon_{\Delta t} \Delta t_{m塑} = 0.97 \times 41.05 = 39.82$ （℃）

由于平均传热温差校正系数大于 0.8，同时壳程流体流量较大，故取单壳程合适。

4. 传热管排列和分程方法

采用组合排列法，即每程内均按正三角形排列。

取管心距 $a = 1.25 d_o$

$$a = 1.25 \times 25 = 31.25 \approx 32 \text{ （mm）}$$

横过管中心线管数 $b = 1.1 \times 82 = 90.2$，取整为 91。

采用多管程结构，壳体内径应等于或稍大于管壁的直径：

$$D = a(b - 1) + 2e$$

式中　D——壳体内径，mm；

　　　a——管心距，mm；

　　　b——最外层的六角形对角线上的管数；

　　　e——六角形最外层管中心到壳体内壁的距离，一般取 $e = (1 \sim 1.5)d$，取 29mm。

$$D = a(b - 1) + 2e = 0.032 \times (91 - 1) + 2 \times 0.029 = 2.938 \text{ （m）}$$

5. 折流板

采用弓形折流板，取弓形折流板圆缺高度为壳体内径的 25%，则切去的圆缺高度为：

$$h = 0.25 \times 2.938 = 0.7345 \text{ （m）}，故可取 h = 0.74\text{m}$$

取折流板间距 $B = 0.4D$，则 $B = 0.4 \times 2.938 = 1.1752$ （m）

折流板数目 $N_B = \frac{l}{B} - 1 = \frac{4.5}{1.1752} - 1 = 2.829 \approx 3$

（三）换热器核算

1. 热流量核算

壳程表面传热系数：

$$\alpha_o = 0.36 \frac{\lambda_1}{d_e} Re_o^{0.55} Pr^{\frac{1}{3}} \left(\frac{\mu}{\mu_w} \right)^{0.14}$$

当量直径：

$$d_e = \frac{4\left(\frac{\sqrt{3}}{2}t^2 - \frac{\pi}{4}d_o^2\right)}{\pi d_o} = 0.02 \ (\text{m})$$

壳程流通截面积：

$$s_o = BD\left(1 - \frac{d_o}{t}\right) = 1.1752 \times 2.938\left(1 - \frac{25}{32}\right) = 0.755 \ (\text{m}^2)$$

壳程流体流速及其雷诺数分别为：

$$u_o = \frac{356000/(3600 \times 90)}{0.755} = 1.46 \ (\text{m/s})$$

$$Re_o = \frac{0.02 \times 1.46 \times 90}{1.5 \times 10^{-5}} = 175200$$

普朗特数：

$$Pr = \frac{3.297 \times 10^3 \times 1.5 \times 10^{-5}}{0.0279} = 1.773$$

黏度校正：

$$\left(\frac{\mu}{\mu_w}\right)^{0.14} \approx 1$$

$$\alpha_o = 0.36 \times \frac{0.0279}{0.02} \times 175200^{0.55} \times 1.773^{\frac{1}{3}} = 465.28 [\text{W}/(\text{m}^2 \cdot \text{K})]$$

管内表面传热系数：

$$\alpha_i = 0.023 \frac{\lambda_i}{d_i} Re^{0.8} Pr^{0.4}$$

管程流体流通截面积：

$$S_i = 0.785 \times 0.02^2 \times \frac{5530}{2} = 0.868 \ (\text{m}^2)$$

管程流体流速：

$$u_i = \frac{432.75/996.95}{0.868} = 0.5 \ (\text{m/s})$$

$$Re = 0.02 \times 0.5 \times \frac{996.95}{0.9027 \times 10^{-3}} = 11044.09$$

普朗特数：

$$Pr = \frac{4.178 \times 10^3 \times 0.9027 \times 10^{-3}}{0.608} = 6.2031$$

$$\alpha_i = 0.023 \times \frac{0.608}{0.02} \times 11044.09^{0.8} \times 6.2031^{0.4} = 2489.71 \ [\text{W}/(\text{m}^2 \cdot \text{K})]$$

污垢热阻和管壁热阻：
管外侧污垢热阻 $R_o = 0.00021 \text{m}^2 \cdot \text{K/W}$
管内侧污垢热阻 $R_i = 0.00053 \text{m}^2 \cdot \text{K/W}$
管壁热阻按碳钢在该条件下的热导率为 $45\text{W}/(\text{m} \cdot \text{K})$，则

$$R_w = \frac{0.0025}{45} = 0.00005556(\text{m}^2 \cdot \text{K/W})$$

传热系数 K_e：

$$K_e = \frac{1}{\dfrac{d_o}{\alpha_i d_i} + \dfrac{R_i d_o}{d_i} + \dfrac{R_w d_o}{d_m} + R_o + \dfrac{1}{\alpha_o}} = 278.73 \, [\text{W}/(\text{m}^2 \cdot \text{K})]$$

传热面积 S_c 为：

$$S_c = \frac{Q}{K_e \Delta t_m} = \frac{19888200}{278.73 \times 39.82} = 1791.89 \ (\text{m}^2)$$

换热器的实际传热面积 S_p 为：

$$S_p = \pi d_o l N_T = 3.14 \times 0.025 \times 4.5 \times 5530 = 1953.47 \ (\text{m}^2)$$

该换热器的面积裕度为：

$$H = \frac{S_p - S_c}{S_c} = \frac{1953.47 - 1791.89}{1791.89} = 9.02\%$$

结论：传热面积裕度合适，该换热器能够完成生产任务。

2. 换热器内流体的流动阻力

管程流体阻力换热器压降的计算：

$$\Delta p_i = (\Delta p_1 + \Delta p_2) F_t N_s N_p$$

式中　Δp_1，Δp_2——直管及回管中因摩擦阻力引起的压强降；

　　　　F_t——结垢校正因数，量纲为 1，对 $\phi 25\text{mm} \times 2.5\text{mm}$ 的管子，取 1.4；

　　　　N_p——管程数；

　　　　N_s——串联的壳程数。

查表得 $\lambda_i = 0.030$

$$\Delta p_1 = \lambda_i \frac{l}{d_i} \times \frac{\rho_i u_i^2}{2} = 0.030 \times \frac{4.5}{0.02} \times \frac{996.95 \times 0.5^2}{2} = 841.18 \ (\text{Pa})$$

$$\Delta p_2 = 3 \times \frac{\rho_i u_i^2}{2} = 3 \times \frac{996.95 \times 0.5^2}{2} = 373.86 \ (\text{Pa})$$

$$\Delta p_i = (\Delta p_1 + \Delta p_2) F_t N_s N_p = (841.18 + 373.86) \times 1.4 \times 1 \times 2 = 3402.11 \ (\text{Pa}) < 100 \ (\text{kPa})$$

壳程压降

$$\sum \Delta p_0 = (\Delta p_1' + \Delta p_2') F_s N_s$$

式中　$\Delta p_1'$——流体横过管束的压强降，Pa；

　　　　$\Delta p_2'$——流体通过折流板缺口的压强降，Pa；

　　　　F_s——壳程压强降的结垢校正因数，量纲为 1，液体可取 1.15。

$$\Delta p_1' = F f_o b (N_B + 1) \frac{\rho u_o^2}{2}$$

式中　F——管子排列方法对压强降的校正因数，对正三角形排列 $F = 0.5$；

　　　　f_o——壳程流体的摩擦系数，当 $Re > 500$ 时，$f_o = 5 Re_o^{-0.228}$；

　　　　b——横过管束中心线的管子数；

　　　　N_B——折流挡板数。

而 $A_o = B(D - b d_o)$，设 $B = 1.06$，则：

$$S_o = h'(D - b d_o) = 1.06 \times (2.938 - 91 \times 0.025) = 0.7028 \ (\text{m}^2)$$

$$u_o = \frac{w_h}{A_o} = \frac{356000/(90 \times 3600)}{0.7028} = 1.563 \ (\text{m/s})$$

$$\Delta p_1' = F f_o b (N_B + 1) \frac{\rho u_o^2}{2}$$

$$= 0.5 \times 5 \times 175200^{-0.228} \times 91 \times (3+1) \times \frac{90 \times (1.563)^2}{2}$$

$$= 6377.44 \ (\text{Pa})$$

$$\Delta p_2' = N_B \left(3.5 - \frac{2B}{D} \right) \frac{\rho u_o^2}{2}$$

$$= 3 \times \left(3.5 - \frac{2 \times 1.1752}{2.938} \right) \times \frac{90 \times (1.563)^2}{2}$$

$$= 989.40 \ (\text{Pa})$$

$$\sum \Delta p_0 = (\Delta p_1' + \Delta p_2') F_s N_s$$

$$= (6377.44 + 6377.44) \times 1.15 \times 1 = 8471.87 \ (\text{Pa}) < 100 \ (\text{kPa})$$

结论：壳程流动阻力也比较适宜。

将换热器设计一览表（二）列于表 2-12 中。

表 2-12　换热器设计及优化一览表（二）

换热器类型:固定管板式					
换热器面积:1953.47m²					
工艺参数					
名　称		管　程		壳　程	
物料名称		循环水		混合气体	
操作压力/kPa		100		100	
操作温度/℃		21/32		103/42	
流量/(kg/h)		432.75		356000	
流体密度/(kg/m³)		996.95		90	
流速/(m/s)		0.5		1.46	
传热量/kW			19888.2		
总传热系数/[W/(m²·K)]			278.73		
对流传热系数/[W/(m²·K)]		2489.71		465.28	
污垢热阻/(m²·K/W)		0.00053		0.00021	
阻力降/Pa		3402.11		8471.87	
程数		2		1	
使用材料		碳钢		碳钢	
管径/mm	φ25×2.5	管数	5530	管长/mm	4500
管心距/mm	32	排列方式		正三角形	
折流板类型	弓形	间距/mm		1060	
壳体内径/mm	2938	切口高度/mm		740	

主要符号说明

P——压力，Pa；　　　　　　　　　　q_m——质量流速，kg/h；

R——热阻，m²·K/W；　　　　　　　　Δ——有限差值；

S——传热面积，m²；　　　　　　　　μ——黏度，Pa·s；

T——热流体温度，℃；　　　　　　　φ——校正系数；

H——焓，J/kg；

S_p——实际传热面积，m^2；

N_B——板数，块；

q_V——体积流量；

N_p——管程数；

K_C——传热系数，$W/(m^2 \cdot K)$；

Q——传热速率，W/s；

Re——雷诺数；

t——冷流体温度，℃；

u——流速，m/s；

h——表面传热系数，$W/(m^2 \cdot K)$；

λ——热导率，$W/(m \cdot K)$；

ρ——密度，kg/m^3；

r——转速，r/min；

Pr——普朗特数；

K——总传热系数，$W/(m^2 \cdot K)$；

N_t——管数，根；

l——管长，m；

Δt_m——平均传热温差，℃。

参 考 文 献

[1] 贾绍义，柴诚敬. 化工原理课程设计. 天津：天津大学出版社，2002.

[2] 蒋丽芬. 化工原理. 北京：高等教育出版社，2007.

[3] 史美中. 热交换器原理与设计. 南京：东南大学出版社，1996.

[4] 潘国昌，郭庆丰. 化工设备设计. 北京：清华大学出版社，1996.

[5] 申迎华，郭晓刚. 化工原理课程设计. 北京：化学工业出版社，2009.

[6] 钱颂文. 换热器设计手册. 北京：化学工业出版社，2002.

[7] 付家新，王为国等. 化工原理课程设计. 北京：化学工业出版社，2010.

[8] 大连理工化工原理教研室. 化工原理课程设计. 大连：大连理工大学出版社，1994.

第三章　板式精馏塔工艺设计及优化

第一节　概　　述

一、精馏过程对塔设备的要求

　　塔设备是化工生产中广泛使用的重要生产设备，用以使气体与液体、气体与固体、液体与液体或液体与固体密切接触，并促进其相互作用，以完成化学工业中热量传递和质量传递的过程。经过长期发展，塔设备形成了形式繁多的结构，以满足各方面的要求。

　　精馏技术是化工行业中的重要分离方法之一，主要原理是利用液体混合物中各组分挥发性能的差异将混合物进行分离。精馏技术的发展已经有一百多年的历史，目前已具有一定的基础理论研究和成熟的工程设计经验。在精馏分离过程中所用的核心设备为精馏塔，常用的精馏塔分为填料塔和板式塔两大类。精馏生产对塔设备的要求如下。

　　(1) 塔的生产能力大　即单位塔截面上单位时间内的处理量要大。

　　(2) 塔的分离效率高　即气液两相在塔内能充分接触，传质传热效果好，具有较高的塔板效率或较大的传质速率。对于板式塔指每层塔板的分离程度，对于填料塔指单位高度填料层所达到的分离程度。

　　(3) 塔的操作弹性大　当气液两相流量发生一定波动时，两相均能维持正常流动，不会发生液泛、过量雾沫夹带等非正常现象，并能维持较高的分离效率。

　　(4) 塔的流动阻力　流动阻力主要指气相阻力，即气相通过每层塔板或单位高度填料层的压降。流体阻力小，可以节省操作费用，在减压操作时易于达到所要求的真空度。

　　除了上述几项性能要求外，塔设备的造价、安装及维修的难易程度以及长期运转的可靠性等因素也是必须考虑的实际问题。

二、板式塔与填料塔的比较

　　板式塔内设置一定数量的塔板，气体以鼓泡或喷射形式穿过板上的液层，进行传质与传热。在正常操作下，气相为分散相，液相为连续相，气相组成呈阶梯变化，属逐级接触逆流操作过程。

　　填料塔内装有一定高度的填料层，液体自塔顶沿填料表面向下，气体逆流向上（有时也采用并流向下）流动，气液两相密切接触进行传质与传热。在正常操作下，气相为连续相，液相为分散相，气相组成呈连续变化，属微分接触逆流操作过程。

　　板式塔和填料塔是气液传质操作中最常用的两类塔设备，它们在性能上各有其特点，了解其不同点，便于今后合理的选用和正确的使用。表 3-1 列出了板式塔和填料塔的比较。

表 3-1　板式塔和填料塔的比较

比较项目	塔类型	
	板式塔	填料塔
生产能力（空塔气速）	板式塔塔径一般不小于 0.65m，可以有较大的生产能力	相对较小，塔径不宜太大
分离效率	效率较稳定，大塔效率比小塔效率有所提高	塔径在 ϕ1400mm 以下效率较高，塔径增大，效率常会下降
操作弹性	操作弹性较好，适应范围较大，可以适应较大的液气比范围，持液量也较大	弹性小，特别对液体负荷的变化更为敏感。当液体负荷较小时，填料表面不能充分润湿，传质效果差；当液体负荷大时，则容易发生液泛
压力降	压力降较填料塔大	塔压降比板式塔小，对真空操作更为适宜
处理物料	不宜处理有腐蚀性及热敏性物料	适宜处理易起泡、有腐蚀性及热敏性物料；不宜处理易聚合或含有固体悬浮物的物料
塔体材质	一般用金属材料	可用非金属耐腐蚀材料
造价	直径大时一般比填料塔低	塔径在 ϕ800mm 以下比板式塔低，直径增大，造价显著增大
重量	较轻	较重
安装维修	较容易	较困难
其他	当传质过程需要移走热量时，板式塔可在塔板上安装冷却盘管	填料塔因涉及液体均布的问题，安装冷却装置将使结构复杂化

　　在传统的设计中，对于物系无特殊工艺特性要求（如热敏性、腐蚀性物系等），并且生产能力不过小的精馏操作，一般采用板式塔。因此，本章主要介绍板式精馏塔的设计及优化。填料塔优化设计见下一章节。

三、板式精馏塔的分类

　　按照塔内气液两相的流动方式，可将塔板分为错流塔板和逆流塔板两类。工业生产中多采用错流的塔板类型。下面介绍几种常见错流类型的塔板。

(一) 泡罩塔

　　泡罩塔板是工业生产中应用最早的塔板类型，由 Celler 于 1813 年提出。塔板上的气流通道是由升气管和泡罩组成，如图 3-1 所示。泡罩的底缘开有齿缝，浸没在塔板上的液层内，沿升气管上升的气流经泡罩的齿缝被破碎为小气泡，通过塔板上液层以增大气液两相接触面积。气体从塔板上液面穿出后，再进入上一层塔板进行传质。泡罩的尺寸分为 ϕ80mm、ϕ100mm、ϕ150mm 三种，可根据塔径的大小进行选择。通常塔径小于 1000mm 时，选用 ϕ80mm 的泡罩，塔径大于 2000mm 时，选用 ϕ150mm 的泡罩。

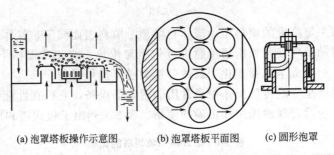

(a)泡罩塔板操作示意图　(b)泡罩塔板平面图　(c)圆形泡罩

图 3-1　泡罩塔板

由于升气管的存在，在气相负荷很小的情况下也不易漏液，因而有较大的操作弹性，气相负荷在较大的范围内波动时，塔板效率基本维持不变。塔板不易堵塞，可处理较为污浊的物料。所以泡罩塔自 1813 年问世以来至今仍有一些厂家在使用。但由于塔板结构复杂，制造成本高；气流通道曲折，板上液层厚，气流阻力大；气相流速不宜太大，生产能力小。在新建的化工厂中，泡罩塔已很少采用。

(二) 筛孔塔板

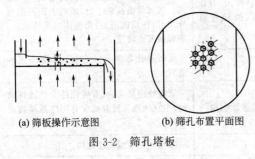

(a)筛板操作示意图　　(b)筛孔布置平面图

图 3-2　筛孔塔板

筛孔塔板简称为筛板，其结构特点是塔板上开有许多均匀的小孔，如图 3-2 所示。根据孔径的大小，分为小孔径筛板（孔径为 3～8mm）和大孔径筛板筛孔（孔径为 10～25mm）两类。工业应用中以小孔径筛板为主，大孔径筛板多用于某些特殊场合（如分离黏度大、易结焦的物系）。在操作中，上升的气流通过筛孔分散成细小的流股并通过板上液层鼓泡而出。

筛孔塔板是 1932 年问世的，当时主要用于酿造，具有结构简单、造价低廉及塔板阻力小等优点。但长期以来人们认为它存在易漏液、操作弹性小、筛孔易堵塞及不易控制等缺点而受冷遇。直到 20 世纪 50 年代，人们发现只要设计合理和操作适当，筛孔塔板仍能满足生产上所需的操作弹性，而且效率较高，操作稳定。若采用大孔径筛孔，如孔径为 10～25mm，堵塞问题亦可解决。生产实践说明，筛孔塔板比起泡罩塔板，生产能力可增大 10%～15%，塔板效率约提高 15%，单板压降可降低 30% 左右，造价可降低 20%～50%。目前，筛孔塔板是各国广泛应用的塔型。

(三) 浮阀塔板

浮阀塔板是 20 世纪 50 年代初开发的一种塔型，浮阀是在泡罩塔板和筛孔塔板的基础上发展起来的，广泛应用于精馏、吸收和解吸等过程。其主要结构特点是在每个开孔处装有一个可上下浮动的浮阀代替了升气管和泡罩。浮阀的升降位置可根据气量的大小进行调节。当气量较小时，浮阀的开度小，但通过阀片与塔盘之间环隙的气速仍足够大，避免了过多的漏液；气量较大时，阀片被顶起、上升，浮阀开度增大，通过环隙的气速也不会太高，使阻力不致增加太多。因此浮阀塔板保持了泡罩塔板操作弹性大的优点，而塔板效率、气体压降大致与筛孔塔板相当，且具有生产能力大等优点。所以自此种塔型问世以来，一直在工业生产中广泛应用。生产实践表明，浮阀塔生产能力要比泡罩塔增大 20%～40%，操作弹性最大可达 7～9，塔板效率比泡罩塔高约 15%，制造费用为泡罩塔的 60%～80%，为筛孔塔的 120%～130%。

浮阀塔板的主要缺点是浮阀长期使用后，由于频繁活动而易脱落或被卡住，使操作失常。为保证浮阀能灵活地上下浮动，阀片和塔盘多用不锈钢材料制成，其制造费用较高。浮阀塔板不宜用于易结垢、黏度大的物系分离。

浮阀有盘式、条式等多种，国内多用盘式浮阀，此型又分为 F1 型（V-1 型）、V-4 型及 T 型，图 3-3 中为 F1 型（重阀）。其中，F1 型浮阀结构较为简单、节省材料、制造方便、性能良好，所以在化工生产中应用最为广泛，已经列入标准（JB 1118—68）。F1 型浮阀的最小开度为 2.5mm，最大开度为 8.5mm，阀孔直径为 39mm，分为轻阀（代表符号为 Q，质量为 25g）和重阀（代表符号为 Z，质量为 33g）两种。一般重阀应用较多，因其操作稳定性好；轻阀泄漏量较大，只有在要求塔板压降小的时候（如减压蒸馏）才使用。

以上介绍的仅是几种较为典型的塔板类型。其中由于浮阀具有生产能力大、操作弹性大、塔板效率高及加工方便等优点，故有关浮阀塔板的研究开发远较其他类型的塔板广泛，是目前新型塔板研究

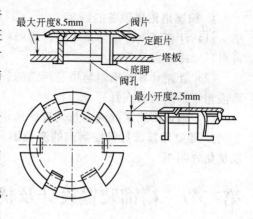

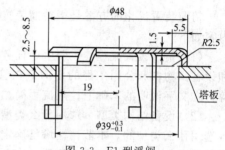

图 3-3　F1 型浮阀

开发的主要方向。近年来研究开发出的新型浮阀有船型浮阀、管型浮阀、梯型浮阀、双层浮阀、V-V 浮阀、混合浮阀等，其共同的特点是加强了流体的导向作用和气体的分散作用，使气液两相的流动更趋合理，操作弹性和塔板效率得到进一步的提高。但应指出，在工业应用中，目前还多采用 F1 型浮阀，其原因是 F1 型浮阀已有系列化标准，各种设计数据完善，便于设计和对比。而采用新型浮阀，设计数据不够完善，给设计带来一定的困难，但随着新型浮阀性能测定数据的不断发表及工业应用的增加，其设计数据会逐步完善，在较完善的性能数据下，设计中可选用新型浮阀。

四、板式精馏塔设计及优化的主要内容

1. 设计及优化方案的说明

根据给定的分离体系确定全套精馏设备的流程、操作条件和主要设备的类型，绘出工艺流程简图，给出工艺流程说明。

2. 精馏塔的工艺计算

（1）根据给定的全塔平均操作压力，确定分离体系的气液平衡关系，做出相平衡曲线 t-x-y 图和 x-y 图。

（2）根据生产任务，进行全塔物料衡算，列出物料衡算总表。

（3）确定适宜的操作回流比。

（4）确定精馏段和提馏段的操作线方程。

（5）确定所需的塔板数及进料位置。

3. 精馏塔主要尺寸的计算

（1）确定塔板的工艺尺寸，包括适宜的塔径、塔板间距及标准塔盘的选择。

（2）进行塔板的流体力学核算，作出塔的操作性能图并计算出操作弹性。

4. 精馏塔附属设备的确定

（1）计算塔顶冷凝器及塔底再沸器的热负荷，确定所需冷却水量及加热蒸汽用量，确定再沸器、冷凝器等。

（2）管路计算，确定与塔身相连的管路直径，包括进料管、上升蒸汽管、回流液管、下降液相管、回流蒸汽管。

（3）估计回流泵的流量及扬程，选定泵的型号与规格。

5. 绘制精馏装置带控制点的流程图和精馏塔的设备工艺条件图。编写板式精馏塔设计及优化说明书

第二节　精馏装置设计及优化方案的确定

精馏装置优化的方案是指精馏装置流程、设备结构类型及某些操作指标的优化，其具体内容如下。

（1）精馏装置流程　按照生产任务的规定，将原料分离成规定浓度的产品、需要的装置和设备；物料和公用工程的走向；在管道和设备上需要安装的阀门、安全机构、监测点等等，在文字说明的基础上，用流程简图表示出来。

（2）设备结构类型　选用什么类型的设备，如精馏塔、冷凝器、再沸器、泵、预热器等各选用什么类型的，本节精馏塔已确定选用浮阀塔，还必须确定用什么型号的浮阀；塔底用直接蒸汽加热还是间壁式换热器；塔顶用全凝器还是分凝器等等。选定了设备类型后，还需用文字论证为什么要这样选。

（3）操作指标　操作指标包括进出装置的物料量、加热蒸汽和冷却水用量、回流比、进料热状况、操作压力和温度等等。通过计算，将这些指标进行优化确定。

确定优化方案的总原则应该在可能条件下尽量采用科学技术上的最新成就，使优化达到技术上先进、经济上合理的要求。归纳为以下几个方面。

（1）满足工艺和操作的要求　选用的流程和设备，首先必须保证产品的质量和数量达到生产任务的要求，所以必须控制各流体的流量和压头稳定，入塔料液的温度和状态稳定。优化方案要有一定的操作弹性，各处的流量须能在一定的范围内调节。必要时，传热量也应可以进行调整。因此，流程中应装置调节阀门，在管路中安装备用支线；在计算传热面积和操作指标时，也应考虑生产过程的可能波动。为确保生产过程的正常进行，流程中还必须装置温度计、压强计、流量计等测量仪表，以便及时观察生产过程的进行情况。

（2）满足经济上的要求　要节约热能、电能的消耗，减少设备费、基建费。精馏过程中，一方面要经常消耗大量热能（产生蒸汽），另一方面塔釜残液又带走很多热量，塔顶蒸汽也带走大量热量。优化中应考虑如何充分利用塔顶、塔底的废热。此外，冷却水出口温度的高低，一方面影响到冷却水用量，另一方面也影响到所需传热面积的大小。即对操作费和设备费均有影响。因此，设计中是否合理地利用热能、回流比和有关参数的选取是否合适，均直接关系到生产过程的经济效益。

（3）保证生产安全　塔内压力过高或过低，都会使设备受到破坏，甚至导致安全问题。因此，流程中应考虑安全装置。

一、精馏装置的流程

精馏装置包括精馏塔、原料预热器、蒸馏釜（再沸器）、冷凝器、釜液冷却器和产品冷却器等设备，见图 3-4 连续精馏流程。热量自塔釜输入，物料在塔内经多次部分汽化与多次部分冷凝进行精馏分离，由冷凝器和冷却器中的冷却介质将余热带走。在此过程中，热能利用率很低，为此，在确定装置流程时应考虑余热的利用，注意节能。另外，为保持塔的操作稳定性，流程中除用泵直接送入塔原料外，也可采用高位槽送料以免受到泵操作波动的影响。塔顶冷凝装置根据生产情况以决定采用分凝器或全凝器。一般，虽然塔顶分凝器对上升蒸汽有一定增浓作用，但在石油等工业中获取液相产品时往往采用全凝器，以便于准确地控制回流比。若后继装置使用气态物料，则宜用分凝器。总之，确定流程时要较全面、合理地兼顾设备、操作费用、操作控制及安全等诸多方面因素。

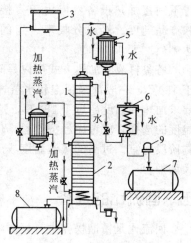

图 3-4　连续精馏流程
1—精馏塔；2—塔板；3—高位槽；
4—原料预热器；5—塔顶冷凝器；
6—产品冷却器；7—产品罐；
8—釜残液罐；9—观察罩

二、操作压力的选择

　　精馏操作按照操作压力可分为常压精馏、减压精馏和加压精馏。其中常压精馏最为简单经济。考虑到经济上的合理性和物料没有特殊要求的情况下，工业精馏多采用常压精馏，一般是在略微高于大气压的条件下进行。当原料在常压下为气态或常压下操作液相黏度较大，可采用加压精馏，将气体加压并降温至一定状态可使其液化，如空气的分离和裂解气的分离，均需要在加压的条件下将其液化，再进行精馏。加压可以提高溶液的汽化温度，由此可降低其液相的黏度，增加气液两相在设备中的湍动程度，提高传质速率。但是加压精馏所耗的能量较大，需要考虑其经济因素。通常只有在前一工序的压力本来就较高或者适当提高压力后平衡温度增加较多，及可用廉价的冷却剂冷凝塔顶蒸汽等情况下才比较合适。减压精馏操作针对在常压下混合液中各组分挥发性差异不大，或是热敏性的物料。操作压强减小后可以降低液体的汽化温度，使精馏操作能在热敏温度以下进行；减压操作可增大混合液中各组分挥发性能的差异，使混合液较容易分离。但减压精馏需要增设真空设备，增加能量的消耗，而且精馏塔所需的塔径也较大。

三、进料热状况的选择

　　进料热状况有五种：冷液体进料，进料温度低于泡点温度，$q>1$；饱和液体进料，进料的温度为泡点，$q=1$；饱和蒸汽进料，不需热量，$q=0$；气液混合进料，进料中一部分为饱和液体，一部分为饱和蒸汽，$0<q<1$；过热蒸汽进料，温度高于露点，$q<0$。不同的进料状况对塔的热负荷、塔径和所需的塔板都有一定的影响，但进料状态主要由前一工段过来的料液状态决定。原则上，在供热量一定的情况下，热量应尽可能由塔底输入，使产生的气相回流在全塔发挥作用，即宜采用冷液进料。但为使塔的操作稳定，免受季节气温影响，精馏段和提馏段采用相同塔径以便于制造，则常采用饱和液体（泡点）进料，但需增设原料预热器。若工艺要求减少塔釜加热量，避免釜温过高，料液产生聚合或结焦，则应采用气态进料。

四、加热方式和加热剂的选择

　　精馏操作大多采用间接蒸汽加热，设置再沸器。有时也可采用直接蒸汽加热，例如蒸馏釜残液中的主要组成为水，且在低浓度下轻组分的相对挥发度较大时（如乙醇与水混合液）宜用直接蒸汽加热，其优点是可以利用压强较低的加热蒸汽以节省操作费用，省下间接加热设备。但由于直接蒸汽的加入,对釜内溶液起一定稀释作用,在进料条件和产品纯度、轻组分收率一定的前提下,釜液浓度相应降低,故需在提馏段增加塔板以达到生产要求。

塔釜料液的加热方式可以是间接加热或直接加热。通常情况下,如果要求加热的温度低于180℃,一般都采用饱和水蒸气作为加热剂(也可以使用其他工序的热载体)。如果塔底要求加热的温度超过了180℃,则应考虑采用其他的高温热源,如烟道气等。关于加热蒸汽温度的选择,应考虑经济效益,传热温差不宜选取得过大,以能够使沸腾传热维持在核状沸腾阶段为宜。过高的蒸汽温度或压力不仅不利于传热,而且还将导致设备费用和操作费用大大增加。

五、回流比的选择

回流比是精馏操作中直接影响产品质量和分离效果的重要影响因素,回流比增大,所需理论塔板数减少;回流比减小,所需理论塔板数增多。如图 3-5 中1 线所示,回流比较大,对一定的分离要求时,所需的塔板数较少,设备费用下降。但随着回流比增大,上升蒸汽量的增多,精馏塔的塔径、塔釜和冷凝器等设备尺寸也相应增大,因此回流比增加到一定数值时,设备费用反而又开始逐渐增加,如图 3-5 中 2 线所示。若回流比过小,显然对一定的分离要求所需的塔板数增多,设备费用又必然增加。

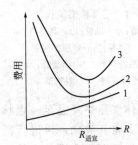

图 3-5　适宜回流比的确定

精馏过程的总费用为设备折旧费用与操作费用之和,图 3-5 中3 线表示总费用与回流比之间的关系,发现总费用有一个最低值,总费用最低值处所对应回流比即为适宜回流比。一般情况下,确定回流比不进行详细的经济衡算,而是根据经验选取,通常取适宜回流比为最小回流比的 1.1～2.0 倍,即

$$R = (1.1 \sim 2.0)R_{min}$$

对易分离的物系回流比 R 可取小些,难分离的物系回流比 R 可取大些。对一些很难分离的物系,可取 $R = (4 \sim 5)R_{min}$。

六、精馏过程的节能措施

作为化工生产中应用最广的分离过程,精馏是耗能较大的一种化工单元操作。在实际生产中,为了保证产品合格,精馏装置操作往往偏于保守,操作方法以及操作参数设置往往欠合理。另外,由于精馏过程消耗的能量绝大部分并非用于组分分离,而是被冷却水或分离组分带走。因此,精馏过程的节能潜力很大,合理利用精馏过程本身的热能,就能降低整个过程对能量的需求,减少能量的浪费,使节能收效也极为明显。

据统计,在美国精馏过程的能耗占全国能耗的 3%,如果从中节约 10%,每年可节省 5 亿美元。我国的炼油厂消耗的原油占其炼油量的 8%～10%,其中很大一部分消耗于精馏过程。因此,在当今能源紧缺的情况下,对精馏过程的节能研究就显得十分重要。例如,美国巴特尔斯公司在波多黎各某芳烃装置的 8 个精馏塔上进行节能优化操作,每年可节约 310 万美元。

蒸馏过程的节能基本上可从以下几个方面着手:①精馏过程热能的充分利用,例如采用热泵精馏、多效精馏、带中间再沸器(或中间冷凝器)的精馏、利用塔顶气相释放的热量对进料进行预热等方法是充分利用热能的重要途径;②提高蒸馏系统的分离效率,提高产品回收率来实现降低能耗;③减少蒸馏过程对能量的需要;④加强管理。

第三节　精馏塔塔板数的设计及优化

一、相平衡关系

平衡关系指气液两相达到平衡时组成之间的关系。对双组分理想体系，根据拉乌尔定律和道尔顿分压定律可得平衡关系式：

$$x_A = \frac{p - p_B^0}{p_A^0 - p_B^0} \tag{3-1}$$

及

$$y_A = \frac{p_A^0 x_A}{p} \tag{3-2}$$

式中　p_A^0、p_B^0——同温度下纯 A、B 组分的饱和蒸汽压，kPa；

$\quad\quad x_A$、x_B——液相中 A、B 组分的摩尔分数；

$\quad\quad y_A$、y_B——气相中 A、B 组分的摩尔分数；

$\quad\quad p$——操作压强，kPa。

若用相对挥发度来描述平衡时气液两相之间的关系，则有：

$$y = \frac{\alpha x}{1 + (\alpha - 1)x} \tag{3-3}$$

式中　y——气相中易挥发组分的组成，摩尔分数；

$\quad\quad x$——与气相平衡的液相中易挥发组分的组成，摩尔分数；

$\quad\quad \alpha$——易挥发组分与难挥发组分的相对挥发度，简称相对挥发度。针对理想物系，α 可由操作温度下两纯组分的饱和蒸汽压求得，即

$$\alpha = \frac{p_A^0}{p_B^0} \tag{3-4}$$

工程计算中常采用蒸馏操作温度范围内各温度下相对挥发度的平均值，即平均相对挥发度 α_m 代替式(3-3)中的 α，且将其视为常数，这样就可用于表达一定压力不同温度下的气、液两相组成之间的关系。即

$$y = \frac{\alpha_m x}{1 + (\alpha_m - 1)x} \tag{3-5}$$

平均相对挥发度数 α_m 值可由以下方法确定。

当蒸馏操作压力一定、温度变化不十分大时，可在操作温度范围内，均匀地查取各温度下各纯组分的饱和蒸汽压，由式(3-4)计算对应温度下的 α_i，然后由式(3-6)估算平均相对挥发度值。

$$\alpha_m = \sqrt[n]{\alpha_1 \alpha_2 \alpha_3 \cdots \alpha_i \cdots \alpha_n} \tag{3-6}$$

或

$$\alpha_m = \sqrt{\alpha_{顶} \alpha_{底}} \tag{3-7}$$

式中　α_m——平均相对挥发度；

α_1、α_2，$\cdots$，α_n——各点温度下的相对挥发度；

$\quad\quad n$——温度点数；

$\quad\quad \alpha_{顶}$、$\alpha_{底}$——精馏塔顶、塔底处的相对挥发度。

【例 3-1】　已知二元体系苯（A）和甲苯（B），计算其饱和蒸汽压的安托因方程分别为：

$$\lg p_A^0 = 6.906 - \frac{1211}{t + 220.8}$$

$$\lg p_B^0 = 6.955 - \frac{1345}{t + 219.5}$$

式中，t 单位为℃，饱和蒸汽压单位为 mmHg（1mmHg=133.322Pa）。

试利用安托因方程计算当操作压力为 101.3kPa、体系达平衡时，各温度下（80.1℃、84.2℃、88.6℃、93.0℃、96.0℃、100.0℃、104.0℃、108.0℃、110.4℃）苯和甲苯气液两相中苯的摩尔分数、相对挥发度和平均挥发度，并用所得数据绘制 $t\text{-}x\text{-}y$ 图和 $x\text{-}y$ 图。

解： 以利用安托因方程代入温度为 84.2℃为例：

$$\lg p_A^0 = 6.906 - \frac{1211}{84.2 + 220.8} \Rightarrow p_A^0 = 863.0 \text{（mmHg）}$$

$$\lg p_B^0 = 6.955 - \frac{1345}{84.2 + 219.5} \Rightarrow p_B^0 = 335.7 \text{（mmHg）}$$

$$x_A = \frac{p - p_B^0}{p_A^0 - p_B^0} = \frac{760 - 335.7}{863.0 - 335.7} = 0.805$$

$$y_A = \frac{p_A^0 x_A}{p} = \frac{863.0 \times 0.805}{760} = 0.914$$

$$\alpha = \frac{p_A^0}{p_B^0} = \frac{863.0}{335.7} = 2.57$$

$$\alpha_m = \sqrt[n]{\alpha_1 \alpha_2 \alpha_3 \cdots \alpha_i \cdots \alpha_n} = 2.47$$

将计算结果列于表 3-2 中。

表 3-2　计算结果（一）

$t/℃$	p_A^0/mmHg[①]	p_B^0/mmHg	x_A	y_A	α
80.1	760.3	292.4	0.999	0.999	2.60
84.2	863.0	335.7	0.805	0.914	2.57
88.6	981.7	389.0	0.626	0.809	2.52
93.0	114.3	447.7	0.468	0.686	2.49
96.0	1211.7	492.0	0.372	0.593	2.46
100.0	1352.1	555.9	0.256	0.455	2.43
104.0	1506.6	626.6	0.152	0.301	2.40
108.0	1671.1	704.7	0.057	0.125	2.37
110.4	1778.3	755.1	0.005	0.015	2.36

① 1mmHg=133.322Pa。

$t\text{-}x\text{-}y$ 图和 $x\text{-}y$ 图如图 3-6、图 3-7 所示：

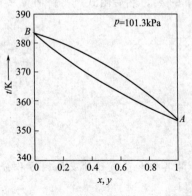

图 3-6　苯和甲苯 $t\text{-}x\text{-}y$ 图

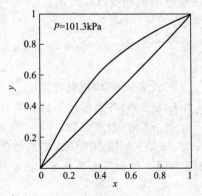

图 3-7　苯和甲苯 $x\text{-}y$ 图

二、精馏塔的物料衡算

(一) 全塔物料衡算

进行物料衡算的目的是根据分离要求及进料的组成和量决定塔顶、塔底产品的量。

根据给定的分离任务，进料量 F、进料组成 x_F、塔顶产品组成 x_D 和塔釜残液组成 x_W 为已知，根据全塔物料衡算，可得馏出液量 D 和残液量 W。

$$F = D + W \tag{3-8}$$

$$Fx_F = Dx_D + Wx_W \tag{3-9}$$

【例 3-2】 在操作压力为 101.3kPa 下，某精馏塔分离某混合物。原料处理量为 8.4 万吨/年，年生产时间为 350 天，其中易挥发组分质量分数为 35%，要求馏出液中易挥发组分的质量分数不低于 95%，残液中难挥发组分的质量分数不低于 98%。试求原料、馏出液及残液的质量流量和摩尔流量？已知易挥发组分的摩尔质量为 72kg/kmol，难挥发组分的摩尔质量为 86kg/kmol。

解： (1) 求馏出液及残液的质量流量　可直接列物料衡算式：

$$F = \frac{8.4 \times 10^7}{350 \times 24} = 10000 \text{ (kg/h)}$$

$$10000 = D + W$$

$$10000 \times 0.35 = 0.95D + 0.02W$$

解得：　　　$D = 3548.4$ (kg/h)　　　$W = 6451.6$ (kg/h)

(2) 求原料、馏出液及残液的摩尔流量　先将质量分数换算为摩尔分数：

原料的组成　　　$x_F = \dfrac{0.35/72}{0.35/72 + 0.65/86} = 0.391$

馏出液的组成　　　$x_D = \dfrac{0.95/72}{0.95/72 + 0.05/86} = 0.958$

残液中易挥发组分质量分数 $w_W = 1 - 0.98 = 0.02$

换算为摩尔分数　　　$x_W = \dfrac{0.02/72}{0.02/72 + 0.98/86} = 0.0238$

原料、馏出液及残液的平均摩尔质量为

$$M_F = 72 \times 0.391 + 86 \times (1 - 0.391) = 80.5 \text{ (kg/kmol)}$$

$$M_D = 72 \times 0.958 + 86 \times (1 - 0.958) = 72.6 \text{ (kg/kmol)}$$

$$M_W = 72 \times 0.0238 + 86 \times (1 - 0.0238) = 85.7 \text{ (kg/kmol)}$$

原料的摩尔流量为　　　$F = 10000/80.5 = 124.2$ (kmol/h)

馏出液的摩尔流量为　　　$D = 3548.4/72.6 = 48.9$ (kmol/h)

残液的摩尔流量为　$W = F - D = 124.2 - 48.9 = 75.3$ (kmol/h)

将计算结果列于表 3-3 中。

表 3-3　计算结果（二）

项目	质量流量/(kg/h)	摩尔流量/(kmol/h)	易挥发组分质量分数	易挥发组分摩尔分数
F	10000	124.2	0.35	0.391
D	3548.4	48.9	0.95	0.958
W	6451.6	75.3	0.02	0.0238

(二) 操作线方程

分别对精馏段和提馏段进行物料衡算可得精馏段和提馏段的操作线方程。

精馏段的操作线方程为：

$$y_{n+1} = \frac{R}{R+1} x_n + \frac{x_D}{R+1}$$ (3-10)

式中　y_{n+1}——精馏段第 $n+1$ 层板上升蒸汽中易挥发组分的摩尔分数；

　　　x_n——精馏段第 n 层板下降液体中易挥发组分的摩尔分数；

　　　R——回流比，即回流液摩尔流量 L 与馏出液摩尔流量 D 的比值。回流比 R 是一个精馏过程的重要参数，其值大小将对精馏塔的设计和操作有着很大的影响，其数值由设计者选定，确定方法在后面内容中进行讨论。

提馏段的操作线方程为：

$$y_{m+1} = \frac{L'}{V'} x_m - \frac{W x_W}{V'}$$ (3-11)

式中　V'——提馏段内上升蒸汽的摩尔流量，kmol/h 或 kmol/s；

　　　L'——精馏段内下降液体的摩尔流量，kmol/h 或 kmol/s；

　　　y_{m+1}——精馏段第 $m+1$ 层板上升蒸汽中易挥发组分的摩尔分数；

　　　x_m——精馏段第 m 层板下降液体中易挥发组分的摩尔分数。

三、精馏操作回流比的确定

(一) 进料热状况参数及进料线方程

由《化工原理》教材可知进料热状况参数 q 为每有 1kmol 进料使得提馏段的液体回流量较精馏段回流量增加的 kmol 量。

$$q = \frac{H_V - H_F}{H_V - H_L} = \frac{\text{将 1kmol 进料变为饱和蒸汽所需的热量}}{\text{原料液的 kmol 汽化潜热}}$$ (3-12)

式中　H_F——原料的焓，kJ/kmol；

H'_V、H_V——进入和离开加料板的饱和蒸汽的焓，kJ/kmol；

H_L、H'_L——进入和离开加料板的饱和液体的焓，kJ/kmol。

对进料板进行热量衡算可得精馏段和提馏段气液相流量的关系：

$$L' = L + qF$$ (3-13)

$$V' = V - (1-q)F$$ (3-14)

联立精馏段和提馏段操作线方程可得到两段操作线交点轨迹方程，即 q 线方程：

$$y = \frac{q}{q-1} x - \frac{x_F}{q-1}$$ (3-15)

该式为直线方程，其斜率为 $q/(q-1)$，截距为 $-x_F/(q-1)$。其位置由 q 和 x_F 决定。

【例 3-3】 在常压连续精馏塔中分离苯和甲苯混合液。料液中含苯 40%（摩尔分数），馏出液中含苯 95%，残液中含苯 5%，料液量为 1000kmol/h。已知进料温度为 20℃，操作回流比为 3，试写出精馏段和提馏段的操作线方程式。

解：（1）精馏段的操作线方程

$$D = F \frac{x_F - x_W}{x_D - x_W} = 1000 \times \frac{0.4 - 0.05}{0.95 - 0.05} = 389 \ (\text{kmol/h})$$

$$W = 1000 - 389 = 611 \ (\text{kmol/h})$$

$$L = DR = 389 \times 3 = 1167 \ (\text{kmol/h})$$

$$y_{n+1} = \frac{R}{R+1} x_n + \frac{x_D}{R+1} = \frac{3}{3+1} x_n + \frac{0.95}{3+1} = 0.75 x_n + 0.2375$$

（2）提馏段的操作线方程

由【例 3-1】中图 3-6 所示的苯和甲苯 t-x-y 图可查得当 $x_F=0.4$ 时的泡点 t_s 为 95℃，所以 20℃的进料为冷液体。首先确定式（3-12）中的 H_F、H_V 和 H_L，然后代入式（3-12）确定热状态参数 q 值。

进料组成 x_F 和进料温度 t_F 下液体的焓 $H_F=c_p t_F$；进料组成 x_F 及泡点温度 t_s 下饱和蒸汽焓 $H_V=c_p t_s+r$；进料组成 x_F 及泡点温度 t_s 下饱和液体的焓 $H_L=c_p t_s$，代入式（3-12）得进料为液态时热状态参数 q 的计算式：

$$q=\frac{H_V-H_F}{H_V-H_L}=\frac{c_p t_s+r-c_p t_F}{c_p t_s+r-c_p t_s}=1+\frac{c_p(t_s-t_F)}{r}$$

查 $t_m=\frac{20+95}{2}=57.5℃$ 时苯和甲苯热容 c_p 均为 1.84kJ/(kg·℃)；查泡点 t_s 下苯的汽化潜热为 386kJ/kg，甲苯的汽化潜热为 360kJ/kg。原料的平均摩尔热容为

$$\begin{aligned}c_p&=c_{pA}M_A x_F+c_{pB}M_B(1-x_F)\\&=1.84\times78\times0.4+1.84\times92\times0.6\\&=159\ [kJ/(kmol·℃)]\end{aligned}$$

原料的汽化潜热为

$$\begin{aligned}r&=r_A M_A x_F+r_B M_B(1-x_F)\\&=386\times78\times0.4+360\times92\times0.6\\&=31915.2\ (kJ/kmol)\end{aligned}$$

代入上式解得

$$q=1+\frac{159(95-20)}{31915.2}=1.374$$

求得 L'

$$L'=L+qF=1167+1.374\times1000=2541\ (kmol/h)$$

求得 V'

$$V'=L'-W=2541-611=1930\ (kmol/h)$$

提馏段操作线方程式为

$$y_{m+1}=\frac{L'}{V'}x_m-\frac{Wx_W}{V'}=\frac{2541}{1930}x_m-\frac{611\times0.05}{1930}=1.317x_m-0.01583$$

（二）操作回流比的确定

1. 最少理论塔板和最小回流比

当精馏操作为全回流时，操作线斜率为 1，与对角线重合，此时平衡线离操作线最远，传质推动力最大，所需理论塔板最少，对于相对挥发度 α 变化不大的体系，最少理论塔板数 N_{min} 可以用芬斯克公式进行确定，即

$$N_{min}=\frac{\lg\left[\left(\frac{x_D}{1-x_D}\right)\left(\frac{1-x_W}{x_W}\right)\right]}{\lg\alpha_m}-1 \tag{3-16}$$

式中　N_{min}——全回流时所需的最少理论塔板数（不包括再沸器）；

　　　α_m——全塔平均相对挥发度。

当精馏段和提馏段的交点落在相平衡线上或者和操作线方程与相平衡线相切时，完成分离任务所需的理论塔板将无限多，此时对应的回流比为最小回流比。

精馏段和提馏段的交点落在相平衡线上（如图 3-8 所示），最小回流比可用式（3-17）计算：

$$R_{min} = \frac{x_D - y_q}{y_q - x_q} \tag{3-17}$$

式中，x_q、y_q 为 q 线与相平衡线交点坐标。其值可用图解法求得；当物系可用相平衡方程表示时，也可用相平衡方程与 q 线方程联立求得。

操作线与相平衡线相切时（如图 3-9 所示），最小回流比可以用式(3-18)求算。

$$\frac{R_{min}}{R_{min}+1} = \frac{ac}{aq} \tag{3-18}$$

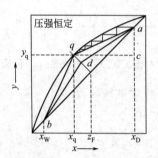
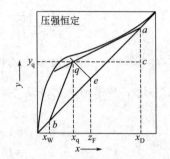

图 3-8 最小回流比确定　　　　　　图 3-9 不正常平衡曲线的最小回流比确定

2. 适宜回流比的确定

回流比是精馏操作中的一个重要参数，采用较大的回流比可以减少理论板数并降低塔高，但塔径、再沸器及冷凝器的热负荷、泵的动力消耗也随之增加。所以需要综合考虑，认真选取，力求使设备费用和操作费用之和为最小，而且使得精馏塔能具有一定的操作弹性。下面介绍几种选择适宜回流比的简要方法。

（1）做 N-R 图　在 R/R_{min} 为 1.0～3.0 的范围内，选取若干个数值，算出相应的回流比 R 值，在各 R 值下，用捷算法，使用吉利兰关联图（图 3-10）求出相应的理论板数 N，然后以 N 为纵坐标，以 R/R_{min} 为横坐标作图，如图 3-11 所示。注意图中 N_{min} 和 N 均为不包括塔釜的理论塔板数。

图中阴影区的左边，曲线较陡，说明 N 随着 R 的增加而下降较快；阴影区右边，曲线较为平坦，最后几乎与横轴平行，说明 N 随着 R 的增加变化并不明显。所以适宜回流比应在阴影区内取值，同时还需参考经验数定出操作回流比。

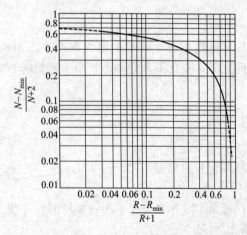
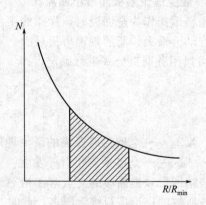

图 3-10 吉利兰关联图　　　　　　图 3-11 回流比与理论板数的关系

对于理想溶液可用吉利兰关联图求算，对于乙醇或甲醇水溶液则可用平田关联式：

$$\lg \frac{N-N_{\min}}{N+1} = -0.9 \left(\frac{R-R_{\min}}{R+1} \right) - 0.17 \tag{3-19}$$

式中，N 为包括再沸器在内的理论板数，此式的应用条件为：

$$0.05 < \frac{R-R_{\min}}{R+1} < 0.6$$

表 3-4 $(R+1)$ N-R/$R_{\min}$ 数据列表

$R/R_{\min}$	1.1	1.2	1.4	1.6	...	2.0	...	3.0
R					...			
N					...			
$(R+1)N$					...			

(2) 作 $(R+1)$N-R/$R_{\min}$ 图 在 $R/R_{\min}$ 为 1.0～3.0 的范围内，选取若干个数值，用捷算法算出相应的理论塔板数 N，进而求出相应的 $(R+1)$ N 值，如表 3-4 所示。

以 $R/R_{\min}$ 为横坐标，$(R+1)N$ 为纵坐标作图，如图 3-12 所示。一般情况下，曲线有一最低点，此点相对应的横坐标值 $R/R_{\min}$ 可认为是适宜的回流比值。其理论根据是：适宜回流比应使得总板数 N 与精馏段蒸汽量 $[V=(R+1)D]$ 的乘积为最小。

(3) 选取经验数据 同现场操作条件相近的数据可作为回流比的选择参考。对低温精馏低分子烃类的塔，一般宁可多用一些塔板也不宜过多地增加回流比，以防制冷费用的剧增。表 3-5 为推荐的不同冷凝方法下适宜回流比的数据，可作为选用时的参考。

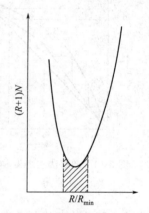

图 3-12 适宜回流比的选择

表 3-5 适宜的 $R/R_{\min}$ 及 $N/N_{\min}$

塔顶冷凝方法	$R/R_{\min}$	$N/N_{\min}$
深度冷冻(−185～−100℃)	1.05～1.10	2.2～3.0
浅度冷冻(−100～10℃)	1.10～1.20	2.0～2.2
水冷	1.2～1.5	1.8～2.0
空气冷却	1.4～1.5	1.6～1.8

四、精馏塔理论塔板层数的确定

在确定完物系的相平衡关系、物料衡算关系、操作线方程及适宜回流比等条件后，可进行塔板层数的确定。精馏塔塔板层数的确定可采用逐板计算法、图解法和捷算法三种方法。

(一) 逐板计算法

基于理论塔板的概念和物料衡算关系，从塔顶或塔底出发，交替使用相平衡方程和操作线方程，逐板计算各个理论塔板的气液相组成，直至达到规定的分离要求为止。逐板计算法概念清晰，结果准确，而且同时可求出各理论塔板上的气、液相组成，又称之为解析法。但是计算过程比较繁琐，当理论板数比较多时可以使用计算机计算。

进行逐板计算需要注意的是：

(1) 当塔顶采用全凝器时，塔顶第一块板上的上升蒸气组成即为塔顶馏出液或回流液的组成，即 $y_1 = x_D$。

（2）当计算到 $x_n \leqslant x_d$（x_d 为提馏段操作线与精馏段操作线的交点横坐标值，可通过两段操作线方程联解确定）后，改用提馏段操作线方程继续逐板向下计算，来确定提馏段理论塔板数，直到 $x_m \leqslant x_W$ 为止。

（3）精馏段理论板数为 $n-1$ 块，而第 n 块板则为进料板，也是提馏段的第一块板。由于离开塔釜的气液两相组成达到平衡，故塔釜相当于一块理论板，提馏段所需的理论塔板数为 $m-1$ 块。

(二) 图解法

图解法求理论塔板数的基本原理与逐板计算法相同，所不同的是用相平衡曲线和操作线分别代替相平衡方程和操作线方程，用简便的图解法代替繁琐的数学计算。用图解法求理论塔板层数的具体步骤如下。

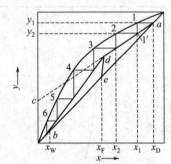

图 3-13　图解法求塔板数的
示意图

（1）绘制相平衡曲线　在直角坐标系中绘出待分离物系的相平衡曲线，即 x-y 图，并作出对角线，如图 3-13 所示。

（2）绘制操作线　在图上分别绘出精馏段操作线和提馏段操作线。先在 x 轴上作垂线 $x=x_D$ 交于对角线上 a 点，再按精馏段操作线的截距 $x_D/(R+1)$ 在 y 轴上定出 c 点。连 ac 两点即为精馏段操作线，如图 3-13 中所示 ac 直线。在 x 轴上作垂线 $x=x_F$ 交于对角线上 e 点，按进料热状况参数 q 值计算 q 线斜率，从 e 点作斜率为 $q/(q-1)$ 的 q 线，与精馏段操作线交于 d。在 x 轴上作垂线 $x=x_W$ 交于对角线上 b 点，连 bd 两点即得提馏段操作线，见图 3-13 中 bd 直线。

（3）绘制直角梯级　从 a 点开始，在精馏段操作线与平衡线之间绘水平线与垂直线构成直角梯级，当梯级跨过两段操作线交点 d 时，则改在提馏段操作线与平衡线之间作直角梯级，直至梯级的垂线达到或跨过 b 点为止。每一个梯级代表一层塔板，梯级总数即为所需的理论塔板数（包括一块）。其中跨过 d 点梯级所处的位置为理论进料板位置。在图 3-13 中梯级总数为 6，表示共需 6 层理论塔板（包括塔釜）。第 3 个梯级跨过点 d，即第 3 层为加料板，精馏段有两层理论板。由于塔釜相当于一层理论板，因此提馏段的理论板为 3 层。

最后必须指出：逐板计算法和图解法求算理论塔板数都是基于恒摩尔流假定，而假定的主要条件是组分的摩尔汽化潜热相等。对组分的摩尔汽化潜热相差较大的物系，就不能用基于恒摩尔流假定的方法求取理论塔板数，必须采用其他方法，可参阅有关书籍。

(三) 捷算法

捷算法是利用最小回流比 $R_{\min}$ 和实际回流比 R、最小理论板数 $N_{\min}$ 和理论板数 N 之间的经验关系来求取理论板数。这一经验关系可用吉利兰图（见图 3-10）或经验关系式表达。此方法既适用于二元精馏塔理论板数的计算，也适用于多组分精馏塔理论塔板数的计算。吉利兰关联图的适用范围是：组分数目为 $2\sim11$；五种进料状况；$R_{\min}=0.53\sim7.0$；$\alpha=1.26\sim4.05$；$N_T=2.4\sim43.1$。

捷算法虽然比逐板计算法误差大，但当塔板数很多时，却不失为一种切实可行的快速估算法。吉利兰图还可以用以下关联式表示：

$$Y=1-\exp\left[\left(\frac{1+54.4X}{11+117.2X}\right)\left(\frac{X-1}{X^{0.5}}\right)\right] \tag{3-20}$$

式中，Y 为吉利兰图的纵坐标，X 为吉利兰图的横坐标。

如果利用捷算法估算精馏段的理论板数或者确定加料板的位置，只需将芬斯克方程 (3-16) 中的釜液组成 x_W 改为进料组成 x_F，相应 α_m 的取值为塔顶和进料的几何平均值，即可得到操作回流比下精馏段的理论板数。

五、精馏塔实际塔板层数确定

在实际的精馏操作中，每一层塔板的实际分离效果低于理论塔板，所以对于一定的分离任务，实际的理论塔板数是多于理论塔板数的，实际的塔板数与总板效率有关。到目前为止，总板效率难以从理论上进行计算，这是由于它不仅和物系的性质、操作条件有关，而且和塔板的具体结构等有密切的关系，通常需要根据实际生产中同类型塔板在相近操作条件下精馏相同物系的经验数据，或者进行中间试验所得结果来选定。在没有可靠的经验数据或实测结果时，总板效率 E_T 可由图 3-14 来估算。

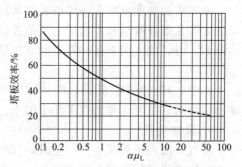

图 3-14　精馏塔总板效率关系曲线

α——塔顶与塔底平均温度下的物系相对挥发度；

μ_L——塔顶与塔底平均温度下进料液相的平均黏度，mPa·s

图中的曲线可近似以式（3-21）表示：

$$E_T = 0.49(\alpha\mu_L)^{-0.245} \qquad (3\text{-}21)$$

上述获得总板效率关系的方法称为 Drickamer 法，是对几十个工业用泡罩塔和筛板塔测定的结果，适用于 $\alpha\mu_L = 0.1 \sim 7.5$，且板上液流长度 $\leqslant 1.0\text{m}$ 的一般工业板式塔。对浮阀塔可参考使用，可根据表 3-6 进行修正。

除了利用 Drickamer 法估算总板效率外，也可用 Bradford 方法来估算，估算方程如下：

$$E_T = 0.17 - 0.616\lg\mu_m \qquad (3\text{-}22)$$

式中，$\mu_m = \sum x_i\mu_{Li}$，μ_{Li} 为进料中 i 组分在塔内平均温度下的液相浓度，mPa·s。Bradford 方法适用于液相黏度为 $0.07 \sim 1.4\text{mPa·s}$ 的烃类物系。

已知理论塔板数和总板效率，即可由式（3-23）求得所需的实际塔板数 N_P。

$$N_P = \frac{N}{E_T} \qquad (3\text{-}23)$$

表 3-6　总板效率相对值

塔型	泡罩塔	筛板塔	浮阀塔
总板效率相对值	1.0	1.1	1.1~1.2

第四节　精馏塔主要尺寸的设计及优化

板式塔主要尺寸的计算，包括塔高、塔径的计算，塔板上液流形式的选择，溢流装置的计算，塔板板面的布置以及流体力学特性的校核等，实质上主要是塔板工艺尺寸的确定。塔板工艺尺寸计算的原始数据包括：气相和液相的流量、操作温度和压强、流体的物性（如密度、黏度、表面张力等），以及实际塔板数等条件。通常，由于进料状态和各处温度压力的不同，沿塔高方向上两相的体积流量和物性常数有所变化，故常先选取某一截面（例如塔顶或塔底等）条件下的值作为计算依据，以此确定塔板尺寸，然后适当调整部分塔板的某些尺寸，或有必要时分段计算，以适应两相体积流量的变化。

一般来说，板式塔主要尺寸计算的基本思路是：先利用有关的关系式并结合经验数据计算出初步的尺寸，然后进行若干项性能或指标的校核，在计算和校核过程中，通过不断的调整和修正，直至得到比较满意的结果为止。尽管塔板类型很多，但其设计原则和步骤却大同小异，下面以浮阀塔为例进行讨论。

一、塔高的确定

板式塔的高度由所有各层塔板之间的有效高度、顶部空间高度、底部空间高度，以及支座高度等几部分所组成，其中主要是各层塔板间的有效高度。当已知实际塔板数 N 和塔板间距 H_T 时，就可用下式计算塔的有效段高度 Z。即

$$Z = H_T N \tag{3-24}$$

式中，H_T 为塔板间距，即两层相邻塔板之间的距离，塔板间距由设计者选取。在选择塔板间距时，主要应考虑以下几个因素。

1. 雾沫夹带

在气、液相负荷及塔径一定时，板间距小则雾沫夹带量大，板间距增加则雾沫夹带量可减少。但当板间距增加至一定程度后，雾沫夹带量的改变就很少了，所以，过大的板间距是不必要也是不经济的。

2. 物料的起泡性

对容易起泡的物系，应选择较大的板间距；反之，板间距可以缩小。

3. 操作弹性

当要求有较大的操作弹性时，可选择较大的板间距。

4. 安装与检修的要求

在确定板间距时，还需要考虑安装与检修塔板所需要的空间。例如在开有人孔的地方，板间距应不小于 0.6m。

5. 塔径

如果雾沫夹带量一定，则不同的板间距就有不同的允许气速，从而有不同的塔径。即板间距增加，塔径可缩小；反之则塔径增大；这实际上反映出塔径与塔高的矛盾。在没有塔板与塔壁造价数据时，有时可用 $H_T D^2$，即塔的体积为最小的原则选取塔板间距。

由此可见，塔板间距的大小与塔板效率、操作弹性、设备投资等有密切关系，同时也要与塔径相匹配。当塔径较小时一般用较小板间距，以免塔的高径比例失调。不同塔径范围的塔板间距建议采用表 3-7 的数据。

表 3-7　浮阀塔板间距参考数值

塔径/mm	塔板间距/mm				
600~700	300	350	450		
800~1000		350 *	450	500	600
1200~1400		350 *	450	500	600	800 *
1600~3000		450 *		500	600	800
3200~4200					600	800

注：带 * 者不推荐使用。

二、塔径的确定

计算塔径的方法通常有两类，一类是以不发生过量雾沫夹带为出发点，求出塔内的最大允许气速，然后算得适宜的操作气速，求得塔径，如 Smith 法、Fair 法等；另外一类是基于

不发生过量泄漏，从而得出一个最小允许气速，进而求得适宜气速与塔径，如筛板塔的 Eduijee 法等。

(一) Smith 法

Smith 法适用于浮阀塔、筛板塔和泡罩塔。根据 Smith 法，需要先求得塔内最大允许气速 u_{max}，u_{max} 可依据悬浮液滴沉降原理导出，其计算式为：

$$u_{max} = C \sqrt{\frac{\rho_L - \rho_V}{\rho_V}} \tag{3-25}$$

式中　u_{max}——最大允许空塔气速，m/s；

　　　　C——负荷系数；

　　　　ρ_V——气相密度，kg/m^3；

　　　　ρ_L——液相密度，kg/m^3。

负荷系数 C 值与气、液流量及密度，板间距与板上液层高度以及液体的表面张力有关，一般由实验确定。Smith 等汇集了若干泡罩、筛板和浮阀塔的数据，整理成负荷系数与这些影响因素的关联曲线，常称为 Smith 关联图，如图 3-15 所示。

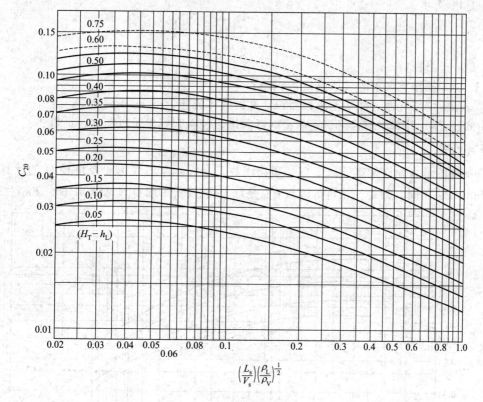

图 3-15　Smith 关联图

V_s、L_s—塔内气、液相的体积流量，m^3/s；

ρ_V、ρ_L—塔内气、液两相的密度，kg/m^3；

H_T—板间距，m；h_L—板上液层高度，m

横坐标 $\left(\dfrac{L_s}{V_s}\right)\left(\dfrac{\rho_L}{\rho_V}\right)^{\frac{1}{2}}$ 是一个无量纲比值，称为液气动能参数，它反映气、液两相的流量

和密度的影响，图中 $H_T - h_L$ 反映了塔板间液滴沉降空间高度的影响。塔板间距 H_T 可按表 3-7 选取，板上液层高度 h_L 对常压塔一般取 $0.05 \sim 0.1\text{m}$，对减压塔应取低一些，可低到 0.025m 以下。

图 3-15 中的 C_{20} 为液体表面张力 $\sigma = 20\text{mN/m}$ 时的负荷系数。若实际液体的表面张力不等于上述值，则可由式(3-26)计算操作物系的负荷系数 C 值：

$$C = C_{20}\left(\frac{\sigma}{20}\right)^{0.2} \tag{3-26}$$

式中　σ——液体的表面张力，mN/m。

当由 Smith 关联图和式(3-26)确定 C 值后，即可由式(3-25)确定最大允许空塔气速 $u_{\max}$。求出最大允许空塔气速 $u_{\max}$ 后，考虑到塔盘上的降液管占去一部分塔截面积，且操作气速也应低于最大容许气速，因此，实际选用的空塔气速 u（以全塔截面积为基准）应该等于最大容许气速乘以一个小于 1.0 的系数，即安全系数，便可得到适宜的空塔气速 u。即

$$u = (0.6 \sim 0.8)u_{\max} \tag{3-27}$$

安全系数的选取与分离物系的发泡程度密切相关。对不易发泡的物系，可取较高的安全系数；对易发泡的物系，应取较低的安全系数。

于是塔径为：

$$D = \sqrt{\frac{4V_s}{\pi u}} \tag{3-28}$$

式中　D——塔径，m；

　　　V_s——操作状态下的气体流量，m^3/s；

　　　u——空塔气速，即按空塔截面积计算的气体流速，m/s。

由式(3-28)计算出塔径后，还需根据浮阀塔直径系列标准予以圆整，见表 3-8。

(二) Fair 法

Fair 法的最大允许气速 $u_{\max}$、气相负荷因数 C、实际空塔气速 u 及塔径 D 的计算公式都与 Smith 法相同，只是气相负荷因数 C_{20} 是从 Fair 关联图求得（见图 3-16）。Fair 关联图

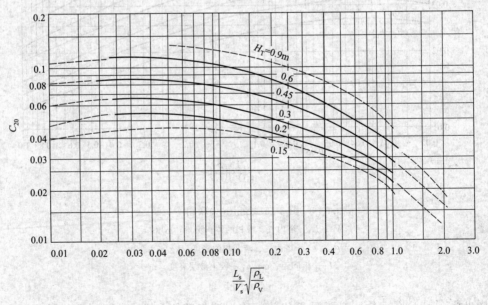

图 3-16　Fair 气相负荷因数关联图

只适用于筛板塔。

(三) Eduijee 法

该方法主要用于筛板塔。从保证不发生过量漏液出发，先求出漏液点的气速 u_{om}，然后分别选取漏液点气速的 1.33 倍、1.5 倍、1.75 倍、2.0 倍作为设计筛孔气速，再根据所选的筛孔孔径 d_0，孔心距 t 以及气相体积流率 V_s 求得开孔区面积，加上其他辅助面积（降液管区、受液盘面积、安定区、分布区、边缘区面积）便可求得塔的截面积，经过经济合理性的比较，在若干个不同的塔截面积中选出一个，求出最优塔径。

漏液点的动能因数可按下式计算：

$$F_{om} - 4.51 = 0.00848(d_0 + 1.27)(h_L + 27.9) \tag{3-29}$$

式中　d_0——筛孔直径，mm；

　　　h_L——板上液层高度，mm；

　　　F_{om}——漏液点筛孔动能因数，$m/(s \cdot \sqrt{kg/m^3})$；

$$F_{om} = u_{om}\sqrt{\rho_V} \tag{3-30}$$

　　　u_{om}——漏液点筛孔气速，m/s。

应当指出，用以上方法算出的塔径只是初估值，以后还需根据流体力学原则进行核算，必要时要对初估的塔径进行修正。此外若精馏塔的精馏段和提馏段上升气量差别较大时，两段的塔径应分别计算。为了制造及安装方便，尽可能使上下两段塔径相同，例如可以在上下两段采用不同的开孔率、不同的板间距或不同的降液管面积，以求得塔径的一致。

三、溢流装置的确定

(一) 降液管类型和溢流方式的选择

1. 降液管类型

降液管是塔板间液体的通道，也是溢流液体中夹带的气体得以分离的场所。降液管有弓形和圆形两类，如图 3-17 所示。圆形降液管制造方便，但流通截面积较小，一般只用于小直径塔或液体流率很小的操作，对于直径较大的塔，常用弓形降液管。

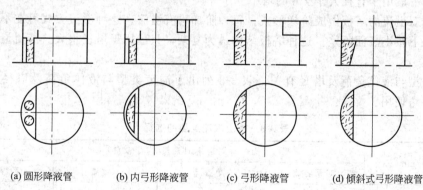

(a) 圆形降液管　　(b) 内弓形降液管　　(c) 弓形降液管　　(d) 倾斜式弓形降液管

图 3-17　降液管的结构形式

如图 3-17 所示，（a）为圆形降液管，适用于小直径塔；（b）为内弓形降液管，将弓形降液管固定在塔板上，也适用于小直径塔；（c）是将堰与塔壁之间的全部截面均作为降液管，降液管的截面积相对较大，多用于塔径较大的塔中；（d）为倾斜式弓形降液管，它既增大了分离空间又不过多占用塔板面积，故适用于大直径大负荷的塔板。

2. 溢流方式

溢流方式与降液管的布置有关。常用的溢流方式有 U 形流、单溢流、双溢流及阶梯式双溢流等，如图 3-18 所示。

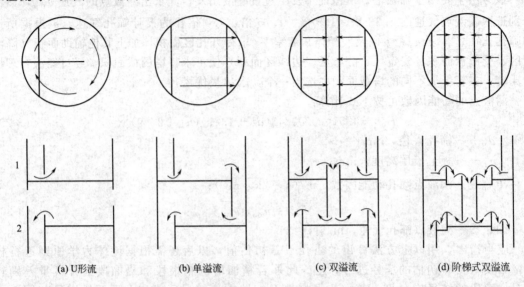

(a) U形流　　　　(b) 单溢流　　　　(c) 双溢流　　　　(d) 阶梯式双溢流

图 3-18　塔板溢流类型

U 形流也称回转流。其结构是将弓形降液管用挡板隔成两半，一半作为受液盘，另一半作为降液管，降液和受液装置安排在同一侧。这种溢流方式液体流径长，可以提高板效率，板面利用率也高，但它的液面落差大，只适用于小塔及液体流量小的场合。

单溢流又称直径流。液体自受液盘横向流过塔板至溢流堰。这种溢流方式液体流径较长，塔板效率较高，塔板结构简单，加工方便，在直径小于 2.2m 的塔中被广泛使用。

双溢流又称半径流。其结构是降液管交替设在塔截面的中部和两侧，来自上层塔板的液体分别从两侧的降液管进入塔板，横过半块塔板而进入中部降液管，到下层塔板则液体由中央向两侧流动。这种溢流方式液体流动的路程短，可降低液面落差，但塔板结构复杂，板面利用率低，一般用于直径大于 2m 的塔中。

阶梯式双溢流的塔板做成阶梯形式，每一阶梯均有溢流。这种溢流方式可在不缩短液体流径的情况下减小液面落差。这种塔板结构最为复杂，只适用于塔径很大、液流量很大的特殊场合。

溢流类型与液体负荷及塔径有关。表 3-8 列出了溢流类型与液体负荷及塔径的经验关系，可供参考使用。

表 3-8　板上溢流类型的选择

塔径 D/mm	液体流量 L_h/(m³/h)			
	U 形溢流	单溢流	双溢流	阶梯溢流
600	5 以下	5～5		
900	7 以下	7～50		
1000	7 以下	45 以下		
1400	9 以下	70 以下		
2000	11 以下	90 以下	90～160	
3000	11 以下	110 以下	110～200	200～300
4000	11 以下	110 以下	110～230	230～350

塔径 D/mm	液体流量 L_h/(m³/h)			
	U形溢流	单溢流	双溢流	阶梯溢流
5000	11 以下	110 以下	110～250	250～400
6000	11 以下	110 以下	110～250	250～450
应用场合	用于较低液气比	一般场合	用于高液气比或大型塔板	用于极高液气比或超大型塔板

(二) 溢流装置尺寸的计算

为维持塔板上一定高度的流动液层，塔板上必须设置溢流装置。溢流装置尺寸的计算包括溢流堰长 l_w、堰高 h_w；弓形降液管的宽度 W_d、截面积 A_f，降液管底隙高度 h_0 和受液盘尺寸等几部分。如图 3-19 所示。

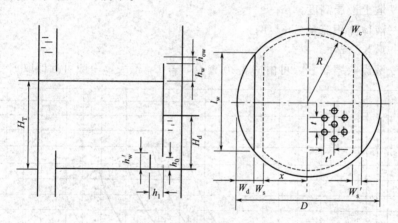

图 3-19 塔板的结构参数

h_w—出口堰高，m；h_{ow}—堰上液层高度，m；h_0—降液管底隙高度，m；

h_1—进口堰与降液管间的水平距离，m；h_w'—进口堰高，m；

H_d—降液管中清液层高度，m；H_T—板间距，m；l_w—堰长，m；

W_d—弓形降液管宽度，m；W_s，W_s'—破沫区宽度，m；

W_c—无效周边宽度，m；D—塔径，m；R—鼓泡区半径，m；

x—鼓泡区宽度的1/2，m；t—孔心距，m；t'—相邻两排孔中心线的距离，m

1. 溢流堰

溢流堰有内堰（进口堰）和外堰（出口堰）之分。在较大的塔内，有时在液体进入塔板处设有进口堰，以保证降液管的液封，并减少液体水平冲出，使液体在塔板上分布均匀。但对常见的弓形降液管，液体在塔板上分布一般比较均匀，而进口堰要占用较多板面，还容易发生沉淀物沉积，造成堵塞，故多不设置进口堰。

出口堰的作用是维持板上有一定的液层厚度和使板上液体流动均匀，除个别情况以外（如很小的塔或用非金属制作的塔板），一般均设置出口堰。出口堰的主要尺寸为堰长 l_w 和堰高 h_w。

(1) 堰长　堰长 l_w 是指弓形降液管的弦长，根据液体负荷及流动形式决定。对于单溢流一般取 l_w 为 $(0.6～0.8)D$；对于双溢流，取 l_w 为 $(0.5～0.7)D$，其中 D 为塔径。

按一般经验，堰上最大液体流量不宜超过 100～130，单位为 m³/(h·m)，可按此确定堰长。

(2) 堰高　为了保证塔板上有一定的液层，降液管上端必须要高出塔板板面一定高度，这一高度即为堰高，以 h_w 表示，单位为 m。板上液层高度 h_L 为堰高 h_w 与堰上液层高度 h_{ow} 之和，即

$$h_L = h_w + h_{ow} \tag{3-31}$$

在计算时，一般应保持塔板上液层高度在 $50\sim100$mm，于是，堰高 h_w 可由板上清液层高度及堰上液层高度决定。堰上液层高度对塔板的操作性能有很大的影响。堰上液层高度太小，会造成液体在堰上分布不均，影响传质效果，计算时应使堰上液层高度大于 6mm，若小于此值需要采用齿形堰；堰上液层高度太大，会增大塔板压降及雾沫夹带量。一般设计计算中，h_{ow} 不宜大于 $60\sim70$mm，超过此值时可改用双溢流形式。对于平直堰，堰上液层高度 h_{ow} 可用弗兰西斯（Francis）公式确定：

$$h_{ow} = \frac{2.84}{1000} E \left(\frac{L_h}{l_w}\right)^{2/3} \tag{3-32}$$

式中　h_{ow}——堰上液层高度，m；

　　　L_h——液体体积流量，m^3/h；

　　　l_w——堰长，m；

　　　E——液流收缩系数，可由图 3-20 查得，若 L_h 不大，一般可近似取 $E=1$。

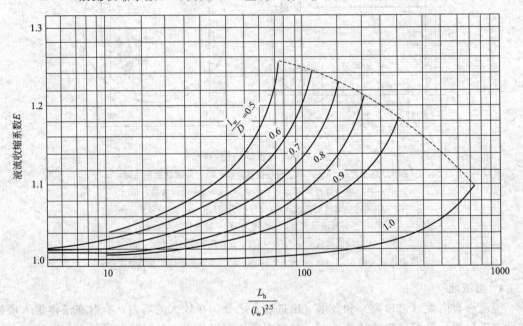

图 3-20　液流收缩系数

根据设计经验，取 $E=1$ 时所引起的误差能满足工程设计要求。当 $E=1$ 时，由式（3-32）可以看出，h_{ow} 仅与 L_h 及 l_w 有关，可用图 3-21 所示的列线图求出 h_{ow}。求出 h_{ow} 后，即可按式（3-33）确定 h_w。

$$0.05 - h_{ow} \leqslant h_w \leqslant 0.1 - h_{ow} \tag{3-33}$$

在工业塔中，堰高 h_w 一般为 $0.04\sim0.05$m；减压塔为 $0.015\sim0.025$m；加压塔为 $0.04\sim0.08$m，一般不宜超过 0.1m。

对于齿形堰，齿形堰的齿深 h_n 一般宜在 15mm 以下。当溢流层不超过齿顶时，液流高度（由齿底算起）计算方法如下：

$$h_{ow} = 1.17 \left(\frac{L h_n}{l_w}\right)^{\frac{2}{3}} \tag{3-34}$$

当溢流层超过齿顶时：

$$L_h = 0.735 \frac{l_w}{h_n}[h_{ow}^{5/2} - (h_{ow} - h_w)^{5/2}] \quad (3-35)$$

式中 h_{ow}——堰上液层高度，m；

L_h——液流量，m^3/h；

h_n——齿深，m；

l_w——堰长，m。

对于没有设溢流堰的圆形溢流管，当 $h_{ow} < 0.2d$ 时，h_{ow} 可按式（3-36）计算。

$$h_{ow} = 0.14\left(\frac{L}{d}\right)^{0.704} \quad (3-36)$$

当 $0.2d < h_{ow} < 1.5d$ 时（此条件下易液泛，应尽量避免采用），h_{ow} 可按式（3-37）计算。

$$h_{ow} = 2.65 \times 10^4 \left(\frac{L}{d}\right)^2 \quad (3-37)$$

式中 h_{ow}——堰上液层高度，m；

L——液流量，m^3/h；

d——溢流管的直径，mm。

考虑到液封的要求，按式（3-36）和式（3-37）算得的 h_{ow} 还应满足 $d \geqslant 6h_{ow}$。

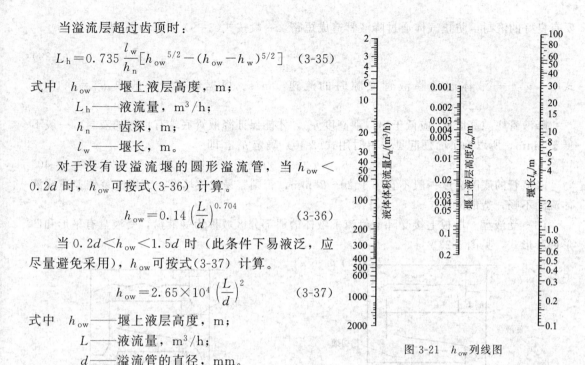

图 3-21 h_{ow} 列线图

2. 降液管

降液管有弓形和圆形之分，由于弓形降液管应用较为普遍，这里以弓形降液管为例说明有关尺寸确定方法。

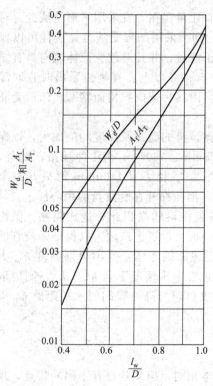

图 3-22 弓形降液管几何关系

（1）弓形降液管的宽度和截面积 在塔径 D 和板间距 H_T 一定的条件下，确定了堰长 l_w，实际上是已经固定了弓形降液管的尺寸。根据 l_w/D 查图 3-22 即可求得弓形降液管的宽度 W_d 和截面积 A_f。

降液管的截面积 A_f 应能保证液体在降液管内有足够的停留时间，使溢流液体中夹带的气泡能分离出来。为此液体在降液管内的停留时间不应小于 $3 \sim 5s$，对于高压操作的塔及易起泡的系统，停留时间应更长些。因此，在求得降液管截面积后，应按下式验算降液管内液体的停留时间 θ，即

$$\theta = \frac{A_f H_T}{L_s} \geqslant 3 \sim 5 \quad (3-38)$$

式中 L_s——液体体积流量，m^3/s；

θ——液体的停留时间，s。

若不能满足式（3-38）要求，则应调整降液管尺寸或板间距，直到满足要求为止。

（2）降液管的底隙高度 降液管底隙高度是指降液管下端与塔板间的距离，以 h_0 表示。确定降液管底隙高度 h_0 的原则是：保证液体流经此处的局部阻力不大，防止沉淀物在此堆积而堵塞降液管；同时又

要有良好的液封，防止气体通过降液管造成短路。一般按式(3-39)计算 h_0，即

$$h_0 = \frac{L_s}{l_w u'_0}$$
(3-39)

式中　u'_0——液体通过降液管底隙时的流速，m/s。根据经验，一般取 $u'_0 = 0.07 \sim$
　　　　0.25m/s。

降液管底隙高度 h_0 应低于出口堰高度 h_w，才能保证降液管底端有良好的液封，一般不低于6mm，所以为了简便起见，有时用式(3-40)确定 h_0，即

$$h_0 = h_w - 0.006$$
(3-40)

降液管的底隙高度一般不宜小于 $20 \sim 25$mm，否则容易发生堵塞，或因安装偏差造成液体流动不畅，造成液泛。

（3）受液盘　塔板上接受降液管流下液体的那部分区域称为受液盘，受液盘有平形和凹形两种形式，见图3-23。

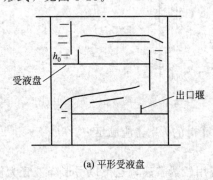

(a) 平形受液盘

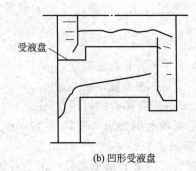

(b) 凹形受液盘

图 3-23　受液盘示意图

对于直径较小的塔或处理易聚合物系时，塔板不应有死角存在，宜采用平形受液盘。对于直径较大（$\phi > 600$mm）的塔，特别是有侧线抽出时，则须采用凹形受液盘，这样可以保证侧线抽出的连续、均匀性，还可以在多数情况下造成正液封，并且对改变流体流向具有缓冲作用，有利于起泡的分离。凹形受液盘的深度一般在50mm以上，有侧线采出时宜取深一些。但受液盘不适宜用于易聚合及有悬浮固体的情况，因其易造成死角而堵塞。凹形受液盘通常都与倾斜式降液管联合使用。

塔底最下面一层塔板的受液盘，通常称为液封受液盘，盘的面积及深度均应加大，以保证足够的液封。盘深除了50mm外，还有100mm、125mm、160mm等几种规格。此外，停工时，为了排净板上的存液，在受液盘上应开有泪孔，塔径 $D < 1400$mm 时只开一个 $\phi 10$mm 的泪孔，$D > 1400$mm 时开两个 $\phi 10$mm 的泪孔，泪孔都开在受液盘的中心线上。

（4）进口堰（内堰）　设置进口堰既占用板面，又易使沉淀物淤积此处造成阻塞。采用凹形受液盘不需要设置进口堰。平形受液盘一般需要在塔板上设置进口堰，以保证降液管的液封，并使液体在板上分布均匀。进口堰高度 h'_w 可按下述原则考虑：当出口堰高度 h_w 大于降液管底隙高度 h_0（一般都是这样）时，取 $h'_w = h_w$，在个别情况下若 $h_w < h_0$，则应取 h_0，以保证液体由降液管流出时不致受到很大的阻力，进口堰与降液管间的水平距离 h_1 不应小于 h_0。

四、塔板及其布置的确定

塔板具有不同的类型，不同类型塔板的计算虽然基本相同，但又各自有不同的特点，现以浮阀塔板为例进行讨论。

(一) 塔板布置

塔板板面根据所起作用的不同可分为四个区域，如图 3-24 所示。

1. 溢流区

溢流区是降液管和受液盘所占的区域，又叫受液区和降液区，一般受液区和降液区的面积相等，均可按降液管截面积计算。

2. 开孔区

开孔区是气液传质的有效区域，也称为鼓泡区。开孔区的面积以 A_a 表示，对于单溢流型的塔板，开孔区的面积可用式（3-41）计算：

$$A_a = 2 \left(x \sqrt{r^2 - x^2} + \frac{\pi r^2}{180} \sin^{-1} \frac{x}{r} \right)$$

(3-41)

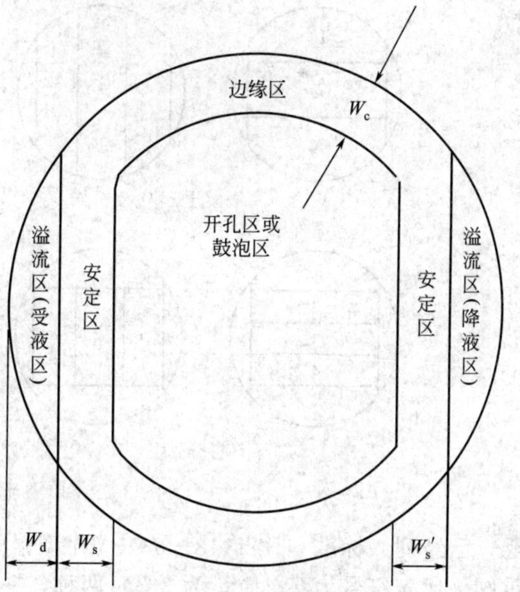

式中，$x = \dfrac{D}{2} - (W_d + W_s)$，m；$r = \dfrac{D}{2} - W_c$；$\sin^{-1} \dfrac{x}{r}$ 为以角度表示的反正弦函数。

图 3-24 单溢流塔板的分区

3. 安定区

在开孔区和溢流区之间不开孔的区域称为安定区，也称为破沫区。溢流堰前的安定区宽度为 W_s，其作用是为在液体进入降液管前，有一段不鼓泡的安定区域，以免液体夹带大量泡沫进入溢流管。进口堰后的安定区域宽度为 W_s'，其作用是在液体入口处，由于板上液面落差，液层较厚，有一段不开孔的安全地带，可减少漏液量。安定区的宽度一般可按下述范围选取：外堰前的安定区 W_s 取 $70 \sim 100$mm；内堰前的安定区 W_s' 取 $50 \sim 100$mm。在小塔中，安定区可适当减小。

4. 边缘区

在靠近塔壁的部分，需留出一圈用于支持塔板边梁使用的边缘区域 W_c。对于 2.5m 以下的塔径，可取为 50mm；大于 2.5m 的塔径则取 60mm 或更大些。此外，为了防止液体经过边缘区时产生短路现象，可在塔板上沿塔壁设置挡板。

(二) 塔板结构

塔板按结构特点，大致可分为整块式和分块式两类塔板。塔径小于 800mm 时，一般采用整块式；塔径超过 800mm 时，由于刚度、安装、检修等要求，多将塔板分成数块通过人孔送入塔内。对于单溢流型塔板，塔板分块如表 3-9 所示，其常用的分块方法如图 3-25 所示。

表 3-9 塔板分块数与塔径大小的关系

塔径 D/mm	$800 \sim 1200$	$1400 \sim 1600$	$1800 \sim 2000$	$2200 \sim 2400$
塔板分块数	3	4	5	6

(三) 浮阀数确定和布置

1. 浮阀类型确定

F1 型浮阀结构较为简单、节省材料、制造方便、性能良好，在化工生产中应用最为广

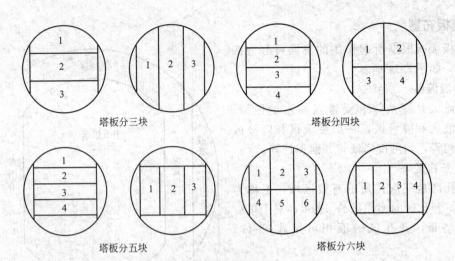

图 3-25　单溢流型塔板分块示意图

泛，已经列入标准（JB 1118—68）。F1 型浮阀又分为轻阀（代表符号为 Q，质量为 25g）和重阀（代表符号为 Z，质量为 33g）两种，一般重阀应用较多，轻阀泄漏量较大，只有在要求塔板压降小的时候（如减压蒸馏）才使用。

2. 阀孔直径

阀孔直径由所选定的浮阀型号决定，常用的 F1 型浮阀的阀孔直径为 39mm。

3. 阀孔数的确定

当气相流量 V_s 为已知时，可根据流量关系式（3-42）来确定塔板上的浮阀数，即

$$n = \frac{V_s}{\frac{\pi}{4}d_0^2 u_0} \tag{3-42}$$

式中　n——塔板上浮阀数；

　　　V_s——操作状态下气体体积流量，m^3/s；

　　　d_0——阀孔直径，mm；对常用的 F1 重型、V-4 型、T 形浮阀孔径均为 0.039m；

　　　u_0——阀孔气速，m/s。

阀孔气速 u_0 由阀孔的动能因数 F_0 来确定。F_0 反映了密度为 ρ_V 的气体以流速 u_0 通过阀孔时动能的大小。根据经验当 F_0 在 8～12 之间时，塔板上所有浮阀刚刚全开，此时塔板的压强降和漏液量都较小，而操作弹性大，其操作性能最好。在确定浮阀数时，应在 8～12 之间取 F_0，即可求得适宜阀孔气速为：

$$u_0 = \frac{F_0}{\sqrt{\rho_V}} \tag{3-43}$$

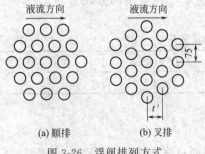

(a) 顺排　　　(b) 叉排

图 3-26　浮阀排列方式

4. 阀孔的排列

当由式（3-43）求得浮阀数后，可在塔板上的鼓泡区内进行试排列。排列方式有正三角形与等腰三角形两种，按阀孔中心连线与液流方向的关系，又有顺排和叉排之分，如图 3-26 所示。采用叉排时，相邻两阀吹出的气流搅动液层的作用比顺排明显，而且相邻两阀容易被吹开，液面梯度较小，鼓泡均匀，气液接触效果好，故一般情况下都采用叉排方式。

对于整块式塔板多采用正三角形叉排，孔心距 t 为 75mm、100mm、125mm、150mm 等；对于分块式塔板，宜采用等腰三角形叉排，此时常将同一横排的阀中心距定为 75mm，而相邻两排阀中心线的距离 t' 可取为 65mm、70mm、80mm、90mm、100mm、110mm 等几种尺寸，必要时还可以调整。

按照确定的孔距作图，可准确得到鼓泡区内可以布置的浮阀数。如图 3-27 所示为一直径是 1600mm 的塔板布置图，塔板分为四块，阀孔按 $t=75$mm，$t'=65$mm 的等腰三角形排列，实际排得的阀孔数 $N'=228$ 个，其堰长 $l_w=1056$mm，堰宽 $W_d=199$mm，边缘区宽度 $W_c=60$mm，破沫区宽度 $W_s=100$mm。

作图布置的阀孔数 N' 往往并不等于前面计算所得的阀孔数 N，此时应当注意：若 N' 与 N 相近时，则按实际的阀孔数目 N' 算阀孔气速 u_0，并根据 u_0 校核阀孔动能因数 F_0。若 F_0 仍在 8～12 范围之内，即可认为画图所得的浮阀数 N' 能满足要求，并以此实际阀孔气速进行以后的流体力学验算。否则需调整孔距、浮阀数、重新作图，甚至要调整塔径，反复计算，直至满足 F_0 在 8～12 范围的要求为止。

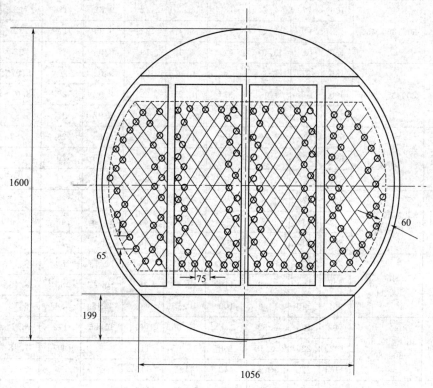

图 3-27　分块式塔板布置图

随着塔盘系列标准化，可以根据计算所得塔径和阀孔数 N 查系列标准进行圆整，然后以标准中的实际阀孔数进行校核、调整，直到满足 F_0 在 8～12 范围的要求为止。

5. 开孔率

在确定了塔板的主要结构参数之后，还应该核算开孔率 φ。塔板上阀孔总面积与塔截面积之比称为开孔率 φ，即

$$\varphi = \frac{\dfrac{\pi}{4}d_0^2 N'}{\dfrac{\pi}{4}D^2} \tag{3-44}$$

式中 d_0——阀孔直径；

N'——实际浮阀数。

对常压塔或减压塔，开孔率 φ 常在 $10\%\sim13\%$ 之间；对加压塔，φ 小于 10%，常见为 $6\%\sim9\%$。若核算的开孔率 φ 不在这些经验值范围之内，则应该重新调整阀孔数，直到满足要求为止。如果选用标准塔盘，则不需要核算开孔率。

表 3-10 列出了单流型塔板某些参数的推荐值。

表 3-10　单流型塔板某些参数的推荐值

塔径 D /mm	塔截面积 /cm²	塔盘间距 /mm	弓形降液管 /mm		管面积与塔截面积之比 /%	$t=75$ $t'=65$ /mm		$t=75$ $t'=80$ /mm		$t=75$ $t'=100$ /mm		出口堰高度 h_w /mm
			堰长 l_w	堰宽 W_d		浮阀数	开孔率 /%	浮阀数	开孔率 /%	浮阀数	开孔率 /%	
600	2610	300、350、450	406	77	7.2	28	11.75	22	9.32	17	7.2	30、40
			428	90	9.1	22	9.3	22	9.30	17	7.2	
			450	103	11.02	22	9.3	19	8.05	17	7.2	
700	3590	300、350、450	466	87	6.9	34	10.6	29	9.02	26	8.07	
			500	105	9.06	33	10.25	26	8.07	26	8.07	
			525	120	11.0	29	9.02	26	8.07	22	6.85	
800	5027	350、450、500、600	529	100	7.22	46	10.9	28	6.65	28	6.65	
			581	125	10	32	7.57	28	6.65	20	4.74	
			640	160	14.2	32	7.57	20	4.74	20	4.74	
1000	7854	350、450、500、600	650	120	6.8	76	11.6	64	9.76	46	7	
			714	150	9.8	76	11.6	64	9.76	46	7	
			800	200	14.2	64	9.76	46	7.0	46	7	
1200	11310	350、450、500、600、800	794	150	7.22	118	12.45	96	10.13	80	8.46	
			876	190	10.2	118	12.45	96	10.13	80	8.46	
			960	240	14.2	100	10.55	80	8.45	58	6.13	
1400	15390	350、450、500、600、800	903	165	6.63	168	13.05	140	10.86	112	8.7	25～50 可调
			1029	225	10.45	168	13.05	116	9	96	7.48	
			1104	270	13.4	148	11.5	116	9	96	7.48	
1600	20110	450、500、600、800	1056	199	7.21	228	13.55	192	11.4	160	9.52	
			1171	255	10.3	228	13.55	176	10.5	136	8.1	
			1286	325	14.5	200	11.9	144	8.57	112	6.67	
1800	25450	450、500、600、800	1165	214	6.74	318	14.9	244	11.4	214	10	
			1312	284	10.1	288	13.5	214	10	190	8.9	
			1434	354	13.9	264	12.4	190	8.9	156	7.33	
2000	31420	450、500、600、800	1308	244	7	390	14.8	320	12.2	242	9.23	
			1456	314	10	366	13.9	296	11.3	242	9.23	
			1599	399	14.2	304	11.6	258	9.83	214	8.15	

塔径 D /mm	塔截面积 /cm²	塔盘间距 /mm	弓形降液管 /mm		管面积与塔截面积之比 /%	$t=75$ $t'=65$ /mm		$t=75$ $t'=80$ /mm		$t=75$ $t'=100$ /mm		出口堰高度 h_w /mm
			堰长 l_w	堰宽 W_d		浮阀数	开孔率 /%	浮阀数	开孔率 /%	浮阀数	开孔率 /%	
2200	38010	450、500、600、800	1598	344	10	432	13.6	352	11.1	272	8.56	50
			1686	394	12.1	400	12.6	320	10.1	272	8.56	
			1750	434	14	360	11.3	320	10.1	240	7.55	
2400	45240	450、500、600、800	1742	374	10	530	14	438	11.6	338	8.94	
			1830	424	12	490	12.95	398	10.5	298	7.9	
			1916	479	14.2	454	12	362	9.57	294	7.8	

五、浮阀塔板的流体力学校核

为了解设计得到的塔设备能否在生产任务规定的气、液相负荷下进行正常操作,必须对所得塔设备进行流体力学校核,其内容包括塔板压强降、液泛、雾沫夹带、漏液等方面。

并在此基础上进一步揭示该塔的操作性能,即求出该塔正常操作所允许的气、液负荷波动范围。工程上常用负荷性能图来表达这个范围。

影响板式塔操作状态和分离效率的主要因素有:物料性质、气液相负荷及塔板的尺寸等。因此,塔内不同塔板上的流体力学条件及允许的气液相负荷波动范围是不相同的。严格来说,流体力学条件的校核与操作负荷性能图的作出应分塔板进行。然而,这样做的工作计算量很大,而且每块塔板的尺寸不同也给制作、安装、操作、维修带来极大的不便。所以,工程上通常只将精馏分成两段(精馏段和提馏段)进行校核和作负荷性能图。计算时,流体物性参数分别为每段内各块板上流体物性参数的平均值。

(一) 气体通过浮阀塔板的压强降校核

气体通过一层浮阀塔板时的总压强降 Δp_p 是由克服塔板本身干板阻力所产生的压强降 Δp_c、气流通过板上充气液层克服液层静压强所产生的压强降 Δp_1、气流从液层表面冲出克服液体表面张力所产生的压强降 Δp_σ 三项组成。即

$$\Delta p_p = \Delta p_c + \Delta p_1 + \Delta p_\sigma \tag{3-45}$$

(1) 干板压强降 Δp_c 气体通过浮阀塔板的干板压强降,在浮阀全部开启前后有着不同的规律。板上所有浮阀刚好全部开启时,气体通过阀孔的速度称为临界孔速,以 u_{0c} 表示。对 F1 型重阀可用以下经验公式求取干板压强降 Δp_c:

浮阀全开前 $(u_0 \leqslant u_{0c})$ $\qquad \Delta p_c = 19.9 u_0^{0.175} g \tag{3-46}$

浮阀全开后 $(u_0 \geqslant u_{0c})$ $\qquad \Delta p_c = 2.67 u_0^2 \rho_V \tag{3-47}$

式中 Δp_c——干板压强降,Pa;

$\qquad u_0$——阀孔气速,m/s;

$\qquad \rho_V$——气体密度,kg/m³;

$\qquad g$——重力加速度,m/s²。

在计算 Δp_c 时,可先将式(3-46)和式(3-47)联立解得临界孔速 u_{0c},令

$$19.9 u_{0c}^{0.175} g = 2.67 u_{0c}^2 \rho_V$$

将 $g = 9.81 \text{m/s}$ 代入解得

$$u_{0c} = \sqrt[1.825]{\frac{73.1}{\rho_V}} \qquad (3\text{-}48)$$

将计算出的 u_{0c} 与 u_0 进行比较，便可在两式中选定一个来计算干板压强降 Δp_c。在塔板设计中，习惯上常将压强降大小用塔内液体的液柱高度 h_c 表示，即

$$h_c = \frac{\Delta p_c}{\rho_L g} \qquad (3\text{-}49)$$

式中　h_c——干板阻力，m；

　　　ρ_L——液体密度，kg/m^3。

（2）板上充气液层阻力产生的压强降 Δp_1　板上充气液层阻力产生的压强降 Δp_1 一般用下面的经验公式(3-50)计算，即

$$\Delta p_1 = \varepsilon_0 h_L \rho_L g \qquad (3\text{-}50)$$

式中　Δp_1——板上充气液层阻力产生的压强降，Pa；

　　　h_L——板上液层高度，m，用计算塔径时的选定值；

　　　ρ_L——液体密度，kg/m^3；

　　　ε_0——反映板上液层充气程度的因素，称为充气系数，无量纲。液相为水时，$\varepsilon_0 = 0.5$；为油时，$\varepsilon_0 = 0.2 \sim 0.35$；为碳水化合物时，$\varepsilon_0 = 0.4 \sim 0.5$。

同理，也可将 Δp_1 用塔内液体的液柱高度表示，则

$$h_1 = \varepsilon_0 h_L \qquad (3\text{-}51)$$

式中　h_1——气体通过板上充气液层的阻力，m。

（3）液体表面张力造成的压强降 Δp_σ

$$\Delta p_\sigma = \frac{2\sigma}{h} \qquad (3\text{-}52)$$

式中　Δp_σ——液体表面张力造成的压强降，Pa；

　　　σ——液体的表面张力，N/m；

　　　h——浮阀的开度，m。

若用塔内液体的液柱高度表示，则有

$$h_\sigma = \frac{2\sigma}{h \rho_L g} \qquad (3\text{-}53)$$

式中　h_σ——液体表面张力造成的阻力，m。通常浮阀塔的 h_σ 很小，计算时可忽略不计。

若以塔内液体的液柱高度表示通过一层浮阀塔板的总阻力，符号为 h_p，单位为 m，则

$$h_p = h_c + h_1 + h_\sigma \qquad (3\text{-}54)$$

一般来说，浮阀塔的压强降要比筛板塔的大，比泡罩塔的小。在正常操作情况下，常压和加压塔的塔板压强降以 $27 \sim 54 \text{mm}$ 水柱为宜，在减压塔内为了减少塔的真空度损失，一般为 20mm 水柱左右。通常应在保证较高的板效率的前提下，力求减小压强降，以降低能耗和改善塔的操作性能。当所设计塔板的压强降超出以上规定的范围时，则需对所设计的塔板进行调整，直至满足要求为止。

(二) 液泛(淹塔)校核

为了防止液泛现象的发生，须控制降液管中液体和泡沫的当量清液层高度 H_d 要低于上层塔板的出口堰顶，为此在计算中令

$$H_d \leqslant \phi(H_T + h_w) \qquad (3\text{-}55)$$

式中　H_d——降液管中全部泡沫及液体折合为清液柱的高度，m；

　　　ϕ——系数。对一般物系，ϕ 值取 0.5；对于发泡严重的物系，取 0.3~0.4；对不易发泡的物系，取 0.6~0.7；

　　　H_T——塔板间距，m；

　　　h_w——出口堰高，m。

　　降液管中的当量清液层高度 H_d 所应保持的高度，为操作中气体通过一层浮阀塔板的阻力 h_p、板上液层高度的阻力 h_L 及液体流过降液管时的阻力 h_d 之和所决定。因此可用式 (3-56) 来表示：

$$H_d = h_p + h_L + h_d \tag{3-56}$$

　　式中，h_p 可由式(3-54) 计算，h_L 在计算塔径时已选定。液体流过降液管时的阻力 h_d，主要是由降液管底隙处的局部阻力造成，可按下面的经验公式计算：

　　塔板上不设进口堰时

$$h_d = 0.153 \left(\frac{L_s}{l_w h_0} \right)^2 \tag{3-57}$$

　　塔板上设有进口堰时

$$h_d = 0.2 \left(\frac{L_s}{l_w h_0} \right)^2 \tag{3-58}$$

式中　L_s——液体流量，m^3/s；

　　　l_w——堰长，m；

　　　h_0——降液管的底隙高度，m。

　　将计算所得的降液管中当量清液层高度 H_d 与 $\phi(H_T + h_w)$ 比较，必须要符合式(3-55) 的规定。若计算所得的 H_d 过大，不能满足上述规定，可设法减小塔板阻力 h_p，特别是其中的 h_c，或适当增大塔的板间距 H_T。

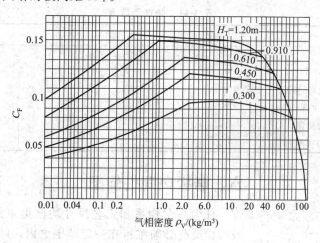

图 3-28　泛点负荷系数

(三) 雾沫夹带量校核

　　正常操作的浮阀塔雾沫夹带量的一般要求为 $e_v \leqslant 0.1\,kg$(液)/kg(气)，在设计中，常用泛点率 F_1 大小来验算雾沫夹带量是否在 0.1kg(液)/kg(气) 以下。

　　泛点率是 F_1 一种统计的关联值，它的意义为设计负荷与该塔泛点负荷之比，以百分率表示。对正常操作的精馏塔，若要雾沫夹带量在 0.1kg(液)/kg(气) 以下，泛点率 F_1 应在以下范围：

一般的大塔，$F_1 < 80\% \sim 82\%$；

减压塔，$F_1 < 75\% \sim 77\%$；

直径小于 0.9m 的小塔，$F_1 < 65\% \sim 75\%$。

泛点率 F_1 可按以下两个经验公式计算：

$$F_1 = \frac{V_s \sqrt{\dfrac{\rho_V}{\rho_L - \rho_V}} + 1.36 L_s Z_L}{K C_F A_b} \times 100\% \qquad (3\text{-}59)$$

$$F_1 = \frac{V_s \sqrt{\dfrac{\rho_V}{\rho_L - \rho_V}}}{0.78 K C_F A_T} \times 100\% \qquad (3\text{-}60)$$

式中　V_s、L_s——分别为塔内气、液两相体积流量，m^3/s；

　　　ρ_V、ρ_L——分别为塔内的气、液相密度，kg/m^3；

　　　Z_L——板上液体流径长度，m，对单溢流塔板，$Z_L = D - 2W_d$；其中 D 为塔径，W_d 为弓形降液管的宽度；

　　　A_b——板上液流面积，m^2，对单溢流塔板，$A_b = A_T - 2A_f$，其中 A_T 为塔截面积，A_f 为弓形降液管截面积；

　　　C_F——泛点负荷系数，可根据气相密度 ρ_V 及板间距 H_T 由图 3-28 查得；

　　　K——物性系数，其值见表 3-11。

按以上两式分别计算 F_1 后，取其中数值大者为验算的依据。若两式之一所计算的泛点率不在规定的范围内，则应适当调整有关参数，如板间距、塔径等，并重新计算。

表 3-11　物性系数 K

系　　　统	物性系数 K
无泡沫,正常系统	1.0
氟化物(如 BF_3,氟里昂)	0.9
中等发泡系统(如油吸收塔、胺及乙二醇再生塔)	0.85
多泡沫系统(如胺及乙二胺吸收塔)	0.73
严重发泡系统(如甲乙酮装置)	0.60
形成稳定泡沫的系统(如碱再生塔)	0.30

六、塔板负荷性能图

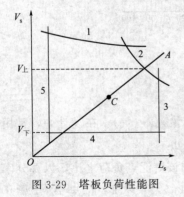

图 3-29　塔板负荷性能图

任何一个物系和工艺尺寸均已给定的塔板，操作时气、液两相负荷必须维持在一定范围之内，以防止塔板上两相出现异常流动而影响正常操作。通常以气相负荷 V_s（m^3/s）为纵坐标，液相负荷 L_s（m^3/s）为横坐标，在坐标图上用曲线表示开始出现异常流动时气、液负荷之间的关系；由这些曲线组合而成的图形就称为塔板的负荷性能图。图中由这些曲线围成的区域即为该塔的适宜操作区，越出这个区域就可能出现不正常操作现象，导致塔板效率明显降低。浮阀塔的负荷性能图如图 3-29 所示，图中各条曲线的意义和作法如下。

1. 雾沫夹带上限线

如图 3-29 中曲线 1 所示，此线表示雾沫夹带量 e_v 为 0.1kg（液）/kg（气）时的 V_s 与 L_s 之间的关系。适宜操作区应在此线以下，否则将因过多的雾沫夹带而使塔板效率严重下降。此线的求取方法为：令泛点率 F_1 为 0.8，由式(3-59) 或式(3-60) 整理出一个 $V_s = f(L_s)$ 的函数式，据此关系作出雾沫夹带上限线。

2. 液泛线

如图 3-29 中曲线 2 所示，此线表示降液管内液体当量高度超过最大允许值时的 V_s 与 L_s 之间的关系，塔板的适宜操作区也应在此线以下，否则将可能发生淹塔现象，破坏塔的正常操作。

求取此线可将式(3-55) 写为 $H_d = \phi(H_T + h_w)$，即

$$\phi(H_T + h_w) = h_p + h_L + h_d = h_c + h_1 + h_\sigma + h_L + h_d$$

将式中各项的计算经验式代入上式并整理，也可得一个 $V_s = f(L_s)$ 函数式，如式(3-61) 所示：

$$aV_s^2 = b - cL_s^2 - dL_s^{2/3} \tag{3-61}$$

式中：

$$a = 1.91 \times 10^5 \frac{\rho_V}{\rho_L N^2}$$

$$b = \phi H_T + (\phi - 1 - \varepsilon_0)h_w$$

$$c = \frac{0.153}{l_w^2 h_0^2}$$

$$d = (1 + \varepsilon_0)E \times 0.667 \frac{1}{l_w^{2/3}}$$

式中　ρ_V、ρ_L——分别为塔内的气、液相密度，kg/m³；

　　　　N——塔板数；

　　　H_T——塔板间距，m；

　　　　ϕ——系数。对一般物系，ϕ 值取 0.5；对于发泡严重的物系，取 0.3～0.4；对不易发泡的物系，取 0.6～0.7；

　　　h_w——堰高，m；

　　　l_w——堰长，m；

　　　h_0——降液管的底隙高度，m；

　　　ε_0——充气系数，无量纲。液相为水时，$\varepsilon_0 = 0.5$；为油时，$\varepsilon_0 = 0.2 \sim 0.35$；为碳水化合物时，$\varepsilon_0 = 0.4 \sim 0.5$；

　　　　E——液流收缩系数，可近似取 $E = 1$。

将计算出的 a、b、c、d 值代入式(3-61) 并整理可得液泛线方程，然后在操作范围内任意取若干点，从而绘出液泛线。

3. 液相负荷上限线

如图 3-29 中直线 3 所示，液体流量超过此线，表明液体流量过大，液体在降液管内停留时间过短，进入降液管中的气泡来不及与液相分离而被带入下一层塔板，造成气相返混，降低塔板效率。液体在降液管内停留时间 θ 不得小于 3～5s，若取 5s 为最短停留时间，依式(3-38) 得塔内液体的上限值为：

$$L_s = \frac{A_f H_T}{5}$$

由此可求得液体上限值 L_s，作出液相负荷上限线 3。

4. 漏液线

如图 3-29 中直线 4 所示，漏液线又称为气相负荷下限线，此线表明不发生严重漏液现象的最低气相负荷，低于此线塔板将产生超过液体流量 10% 的漏液量。对于浮阀塔板，可取动能因数 $F_0 = 5$ 为作为确定气相负荷下限的依据，依式(3-43)得气相流量下限值为：

$$V_s = \frac{\pi}{4} d_0^2 n u_0 = \frac{\pi}{4} d_0^2 n \frac{5}{\sqrt{\rho_V}} = \frac{5\pi}{4} \times \frac{d_0^2 n}{\sqrt{\rho_V}}$$

将上式求得的气相流量下限值作图，得漏液线 4。

5. 液相负荷下限线

此线表明塔板允许的最小液体流量，低于此值便不能保证塔板上液流的均匀分布以致降低气液接触效果。求此液相负荷下限线，可将式(3-32)中的堰上液层高度 h_{ow} 用平直堰上液层高度最低限 0.006m 代入，即可求得液相负荷下限值，由此可作出液相负荷下限线 5。

操作时的气相流量 V_s 与液相流量 L_s 在负荷性能图上的坐标点称为操作点，如 C 点所示。对定态精馏过程，塔板上的 V_s/L_s 为定值。因此，每层塔板上的操作点都是沿通过原点、斜率为 V_s/L_s 的直线变化的，该直线称为操作线，如图中的 OA 直线。

操作线与负荷性能图上曲线的交点，分别表示塔的上下操作极限，气体流量的上下两个极限 $V_上$ 和 $V_下$ 的比值称为塔板的操作弹性。操作弹性大，说明塔适应变动负荷的能力大，操作性能好。对于浮阀塔，一般操作弹性都可达 3～4，若所设计操作弹性较小，则说明塔板设计不合理。此时，应分析影响上下操作极限的因素，找出关键问题，对塔板结构尺寸进行调整。

【例 3-4】 拟建一浮阀塔用以分离苯-甲苯混合物，决定采用 F1 型浮阀（重阀），试按下述条件进行浮阀塔的设计计算。

精馏段：气相流量 $V_s = 2.0147 \text{m}^3/\text{s}$；液相流量 $L_s = 0.0042 \text{m}^3/\text{s}$；
气相密度 $\rho_V = 2.657 \text{kg/m}^3$；液相密度 $\rho_L = 812.5 \text{kg/m}^3$；
混合液表面张力 $\sigma = 23 \text{mN/m}$；平均操作压强 $p = 1.013 \times 10^5 \text{Pa}$。

提馏段：气相流量 $V_s' = 2.765 \text{m}^3/\text{s}$；液相流量 $L_s' = 0.0147 \text{m}^3/\text{s}$；
气相密度 $\rho_V' = 2.97 \text{kg/m}^3$；液相密度 $\rho_L' = 780 \text{kg/m}^3$；
混合液表面张力 $\sigma = 24 \text{mN/m}$；平均操作压强 $p = 1.013 \times 10^5 \text{Pa}$。

计算过程

精馏段和提馏段需要分别计算，下面以精馏段为例进行说明。

（一）塔径

欲求出塔径应先计算出适宜空塔速度 u。适宜空塔速度 u 一般为最大允许气速 u_{max} 的 0.6～0.8 倍。即

$$u = (0.6 \sim 0.8) u_{max}$$

$$u_{max} = C \sqrt{\frac{\rho_L - \rho_V}{\rho_V}}$$

式中，C 可由史密斯关联图查得，液气动能参数为：

$$\frac{L_s}{V_s}\left(\frac{\rho_L}{\rho_V}\right)^{\frac{1}{2}} = \frac{0.0042}{2.0147}\left(\frac{812.5}{2.657}\right)^{\frac{1}{2}} = 0.0365$$

取板间距 $H_T = 0.4 \text{m}$，板上液层高度 $h_L = 0.06 \text{m}$，图中的参变量值 $H_T - h_L = 0.4 - 0.06 = 0.34 \text{m}$。根据以上数值由史密斯关联图可得液相表面张力为 20mN/m 时的负荷系数

$C_{20}=0.07$。由所给出的工艺条件校正得：

$$C=C_{20}\left(\frac{\sigma}{20}\right)^{0.2}=0.07\left(\frac{23}{20}\right)^{0.2}\approx0.07$$

最大允许气速：

$$u_{max}=C\sqrt{\frac{\rho_L-\rho_V}{\rho_V}}=0.07\sqrt{\frac{812.5-2.657}{2.657}}=1.222\ (m/s)$$

取安全系数为 0.7，则适宜空塔速度为：

$$u=0.7u_{max}=0.7\times1.222=0.855\ (m/s)$$

$$塔径\ D=\sqrt{\frac{4V_s}{\pi u}}=\sqrt{\frac{4\times2.0147}{\pi\times0.855}}=1.732\ (m)$$

按标准塔径尺寸圆整，取 $D=1.8m$；

实际塔截面积：

$$A_T=\frac{\pi}{4}D^2=\frac{\pi}{4}(1.8)^2=2.543\ (m^2)$$

实际空塔速度：

$$u=\frac{V_s}{A_T}=\frac{2.0147}{2.543}=0.792\ (m/s)$$

校正安全系数：

$$\frac{u}{u_{max}}=\frac{0.792}{1.222}=0.65$$

安全系数在 0.6~0.8 范围之间，合适。

（二）标准塔盘

1. 浮阀数

初取阀孔动能因数 $F_o=10.5$，阀孔气速为：

$$u_0=\frac{F_o}{\sqrt{\rho_V}}=\frac{10.5}{\sqrt{2.657}}=6.442\ (m/s)$$

每层塔板上的浮阀个数：

$$N_{讦}=\frac{V_s}{\frac{\pi}{4}d_0^2u_0}=\frac{2.0147\times4}{\pi\times0.039^2\times6.442}=262\ (个)$$

2. 标准塔盘

由以上计算数据查单流型浮阀塔盘数据可得，当塔径为 1800mm，$N_{讦}$ 为 262 个时可选择标准塔盘的数据可查表 3-10 得出。

浮阀数：264 个；$t'=0.065m$；塔截面积：$2.545m^2$；$l_w=1.434m$；$W_d=0.354m$

校验：

$$u_{0实}=\frac{4V_s}{\pi d_0^2N}=\frac{4\times2.0147}{3.14\times0.039^2\times264}=6.392\ (m/s)$$

$$F_o=u_0\sqrt{\rho_V}=6.392\sqrt{2.657}=10.42$$

所以 F_o 在 8~12 之间，符合要求。

3. 溢流堰尺寸

选用单流型降液管，不设进口堰，由选用的标准塔盘可知堰长 $l_w=1.434m$

$$h_{ow} = \frac{2.84}{1000} E \left(\frac{l_h}{l_w}\right)^{\frac{2}{3}} = \frac{2.84}{1000} \times 1 \times \left(\frac{0.0042 \times 3600}{1.434}\right)^{\frac{2}{3}} = 0.0136 \text{ (m)}$$

取板上液层高度 h_L 为 0.06m，则溢流堰高：

$$h_w = h_L - h_{ow} = 0.06 - 0.0136 = 0.0464 \text{ (m)}$$

4. 降液管内液体停留时间 θ

由标准塔盘可知，弓形降液管面积与塔截面积之比：$A_f/A_T = 0.139$

因此，弓形降液管所占面积：$A_f = 0.139 \times 2.545 = 0.354 \text{m}^2$

验算液体在降液管的停留时间 θ：

$$\theta = \frac{A_f H_T}{L_s} = \frac{0.354 \times 0.4}{0.0042} = 33.7 \text{ (s)}$$

由于停留时间 $\theta > 5$s，合适。

5. 降液管底隙高度 h_0

$$h_0 = h_w - 0.006 = 0.0464 - 0.006 = 0.0404 \text{ (m)}$$

（三）塔板流体力学验算

1. 气体通过塔板的压降校核

（1）干板压降

临界孔速：$u_{0c} = \sqrt[1.825]{\frac{73.1}{\rho_V}} = \sqrt[1.825]{\frac{73.1}{2.657}} = 6.15 \text{ (m/s)}$

$$u_{0实} = 6.392 \text{m/s} > u_{0c} = 6.15 \text{m/s}$$

所以，$\Delta p_c = 2.67 u_0^2 \rho_V = 2.67 \times 6.392^2 \times 2.657 = 289.852 \text{ (Pa)}$

（2）板上充气液层压降 Δp_l 本设备分离的混合物液相为碳氢化合物，可取充气系数 $\varepsilon_0 = 0.5$。

$$\Delta p_l = \varepsilon_0 h_L \rho_L g = 0.5 \times 0.06 \times 812.5 \times 9.81 = 239.119 \text{ (Pa)}$$

（3）液体表面张力造成的压降 Δp_σ 可忽略不计

则总的压降为：$\Delta p_p = \Delta p_c + \Delta p_l + \Delta p_\sigma = 289.852 + 239.119 = 528.971 < 530 \text{ (Pa)}$

2. 淹塔校核

（1）降液管中清液柱的高度   为了防止降液管液泛现象发生，要求控制降液管内清液层高度 $H_d \leqslant \varphi(H_T + h_w)$。其中：$H_d = h_p + h_L + h_d$。

气体通过塔板的压强降所相当的液柱高度 Δp_p 前面已求出，则：

$$h_p = \frac{\Delta p_p}{\rho_L g} = \frac{528.971}{812.5 \times 9.81} = 0.0664 \text{ (m)}$$

液体通过降液管的压头损失（不设进口堰）

$$h_d = 0.153 \left(\frac{L_s}{l_w h_0}\right)^2 = 0.153 \left(\frac{0.0042}{1.434 \times 0.0404}\right)^2 = 8.04 \times 10^{-4} \text{ (m)}$$

（2）校核

$$H_d = h_p + h_L + h_d = 0.0664 + 0.06 + 8.04 \times 10^{-4} = 0.127 \text{ (m)}$$

取降液管中泡沫层相对密度 $\phi = 0.5$，前已选定板间距 $H_T = 0.4$m，$h_w = 0.0464$m。则

$$\phi(H_T + h_w) = 0.5 \times (0.4 + 0.0464) = 0.2232 \text{ (m)}$$

则 $H_d \leqslant \phi(H_T + h_w)$ 满足要求。

（3）雾沫夹带校核

板上液体流径长度和液流面积：

$$Z_L = D - 2W_d = 1.8 - 2 \times 0.354 = 1.092 \text{ (m)}$$

$$A_b = A_T - 2A_f = 2.545 - 2 \times 0.354 = 1.837 \ (\text{m}^2)$$

查得泛点负荷因数 $C_F = 0.115$、物性系数 $K = 1.0$，将以上数据代入：

$$F_1 = \frac{V_s \sqrt{\dfrac{\rho_V}{\rho_L - \rho_V}} + 1.36 L_s Z_L}{K C_F A_b} \times 100\%$$

$$= \frac{2.0147 \times \sqrt{\dfrac{2.657}{812.5 - 2.657}} + 1.36 \times 0.0042 \times 1.092}{1 \times 0.115 \times 1.837} \times 100\%$$

$$= 57.6\% < 80\%$$

$$F_1 = \frac{V_s \sqrt{\dfrac{\rho_V}{\rho_L - \rho_V}}}{0.78 K C_F A_T} \times 100\% = \frac{2.0147 \times \sqrt{\dfrac{2.657}{812.5 - 2.657}}}{0.78 \times 1 \times 0.115 \times 2.545} \times 100\% = 50.6\% < 80\%$$

对于大塔，为避免过量雾沫夹带，应控制泛点率不超过80%。上两式计算的泛点率都在80%以下，故可知雾沫夹带量能够满足 $e_v < 0.1\text{kg}$（液）$/\text{kg}$（气）的要求。

（4）严重漏液校核

当阀孔的动能因数 F_0 低于 5 时将会发生严重漏液，前面已计出 $F_0 = 10.42$，可见不会发生严重漏液。

（四）塔板负荷性能图

1. 气体负荷下限线（漏液线）

对于F1型重阀，因动能因数 $F_0 < 5$ 时会发生严重漏液，故取 $F_0 = 5$ 计算相应的气相流量 $(V_s)_{\min}$：

$$(V_s)_{\min} = \frac{\pi}{4} d_0^2 N \frac{5}{\sqrt{\rho_V}} = \frac{\pi}{4} \times (0.039)^2 \times 264 \times \frac{5}{\sqrt{2.657}} = 0.967 \ (\text{m}^3/\text{s})$$

2. 过量雾沫夹带线

根据前面雾沫夹带校核可知，对于大塔，取泛点率 $F_1 = 0.8$，那么

$$0.8 = \frac{V_s \sqrt{\dfrac{\rho_V}{\rho_L - \rho_V}} + 1.36 L_s Z_L}{K C_F A_b} \times 100\%$$

$$= \frac{V_s \times \sqrt{\dfrac{2.657}{812.5 - 2.657}} + 1.36 L_s \times 1.092}{1 \times 0.115 \times 1.837} \times 100\%$$

整理得：$V_s = 2.9505 - 25.927 L_s$

雾沫夹带线为直线，由两点即可确定。当 $L_s = 0$ 时，$V_s = 2.9505\text{m}^3/\text{s}$；当 $L_s = 0.02$ 时，$V_s = 2.4320\text{m}^3/\text{s}$。由这两点便可绘出雾沫夹带线。

3. 液相负荷下限线

对于平直堰，其堰上液层高度 h_{ow} 必须要大于 0.006m。取 $h_{ow} = 0.006$m，可作出液相负荷下限线。

$$h_{ow} = 2.84 \times 10^{-3} E \left[\frac{3600 (L_s)_{\min}}{l_w} \right]^{2/3} = 0.006$$

取 $E = 1$，代入 l_w 则可求出 $(L_s)_{\min}$：

$$(L_s)_{min} = \left(\frac{0.006}{2.84 \times 10^{-3}}\right)^{3/2} \times \frac{1.434}{3600} = 0.00122 \ (\text{m}^3/\text{s})$$

4. 液相负荷上限线

液体的最大流量应保证在降液管中停留时间不低于 $3 \sim 5\text{s}$，取 $\theta = 5\text{s}$ 作为液体在降液管中停留时间的下限，则：

$$(L_s)_{max} = \frac{A_f H_T}{5} = \frac{0.354 \times 0.4}{5} = 0.028 \ (\text{m}^3/\text{s})$$

5. 液泛线

先求出 V_s 与 L_s 的关系，就可在操作范围内任意取若干点，从而绘出液泛线。

$$aV_s^2 = b - cL_s^2 - dL_s^{2/3}$$

其中：

$$a = 1.91 \times 10^5 \frac{\rho_V}{\rho_L N^2} = 1.91 \times 10^5 \times \frac{2.657}{812.5 \times 264^2} = 0.00896$$

$$b = \phi H_T + (\phi - 1 - \varepsilon_0)h_w = 0.5 \times 0.4 + (0.5 - 1 - 0.5) \times 0.0464 = 0.1536$$

$$c = \frac{0.153}{l_w^2 h_0^2} = \frac{0.153}{1.434^2 \times 0.0404^2} = 45.586$$

$$d = (1 + \varepsilon_0)E \times 0.667 \frac{1}{l_w^{2/3}} = (1 + 0.5) \times 1 \times 0.667 \times \frac{1}{1.434^{2/3}} = 0.787$$

将计算出的 a、b、c、d 值代入方程式并整理可得：

$$V_s^2 = \frac{b}{a} - \frac{c}{a}L_s^2 - \frac{d}{a}L_s^{2/3} = 17.143 - 5087.72L_s^2 - 87.83L_s^{2/3}$$

在操作范围内任意取若干 L_s 值，由上式可算出相应的 V_s 值，结果列于表3-12。

表 3-12 计算结果（三）

$L_s/(\text{m}^3/\text{s})$	0.001	0.005	0.01	0.015	0.02
$V_s/(\text{m}^3/\text{s})$	4.032	3.801	3.544	3.264	2.934

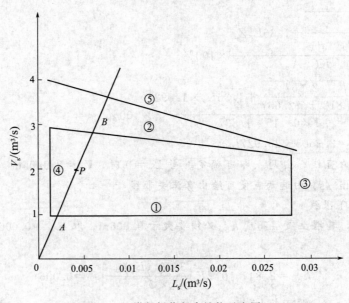

图 3-30 塔板操作复合性能示意图

将以上五条线标绘在同一 V_s-L_s 直角坐标系中，画出塔板的操作负荷性能图如图 3-30 所示。将设计点 $(L_s，V_s)$ 标绘在图中，如 P 点所示，由原点 O 及 P 作操作线 OP。操作线交严重漏液线①于点 A，交过量雾沫夹带线②于点 B。由此可见，此塔板操作负荷上下限受严重漏液线①及过量雾沫夹带线②的控制。分别从图中 A、B 两点读得气相流量的下限 V_{min} 及上限 V_{max}，可求得该塔的操作弹性。

$$操作弹性 = \frac{(V_s)_{max}}{(V_s)_{min}} = 2.89$$

提馏段计算（略），现将以上设计计算结果列于表 3-13。

表 3-13 浮阀塔板工艺设计计算结果（以精馏段为例）

项　　目	数值及说明	备　注
塔径 D/m	1.8	
板间距 H_T/m	0.4	
塔板类型	单溢流弓形降液管	分块式塔板
空塔气速 u/(m/s)	0.792	
溢流堰长 l_w/m	1.434	
溢流堰高 h_w/m	0.0464	
板上液层高度 h_L/m	0.06	
降液管底隙高度 h_0/m	0.0404	
浮阀数/个	264	
阀孔气速 u_0/(m/s)	6.392	
阀孔动能因数 F_0	10.42	
临界阀孔气速 u_{0c}/(m/s)	6.15	
孔心距 t/(m/s)	0.075	同一横排的孔心距
排间距 t'/(m/s)	0.065	相邻两横排中心线距离
单板压降 Δp_p/Pa	528.971	
液体在降液管内停留时间 θ/s	33.7	
降液管内液层高度 H_d/m	0.127	
泛点率/%	57.6	
气相负荷上限 $(V_s)_{max}$/(m³/s)	2.800	雾沫夹带控制
气相负荷下限 $(V_s)_{min}$/(m³/s)	0.967	漏液控制
操作弹性	2.89	

第五节　板式塔的结构与附属设备

一、板式塔的结构

板式塔主要是由简体、封头、塔内构件（包括塔板、降液管和受液盘）、人孔、进出口管和裙座等组成，其总体结构如图 3-31 所示。

塔设备的外壳（即简体）多用钢板卷焊而成。塔体的内部安装有塔板、降液管及各种进

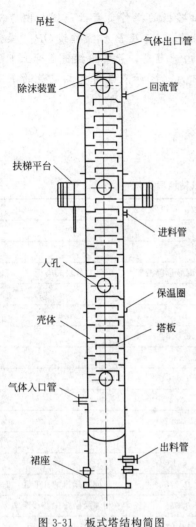

吊柱

气体出口管

除沫装置

回流管

扶梯平台

进料管

人孔

保温圈

壳体

塔板

气体入口管

出料管

裙座

图 3-31　板式塔结构简图

出物料的进出口管。塔体的下部设有裙座和基础环（圈）。为安装和检修方便，塔体上开有人孔（或手孔），塔顶上装有可以旋转的吊柱，塔外还设有扶梯和平台。

塔设备的筒体主要为圆柱形，其主要尺寸是直径、高度和壁厚。筒体的厚度涉及强度计算、加工制造和安装检修等方面的知识，主要由机械设计人员来完成。工艺设计人员需要明确筒体的高度，筒体的高度计算主要由以下几部分组成。

1. 塔顶空间 H_D

塔顶空间指塔内最上层塔板到筒体与封头接线的距离（不包括封头空间）。为利于出塔气体夹带的液滴沉降，其高度应大于板间距，通常取塔顶间距为 $H_D = (1.5 \sim 2.0)H_T$。若需要安装除沫器时，要根据除沫器的安装要求确定塔顶间距。

2. 塔底空间 H_B

塔底空间指塔内最下层塔板到塔底的间距。其值由下列因素决定。

① 塔底储液空间依储存液量停留时间（3～8min，易结焦物料可缩短停留时间）而定；

② 再沸器的安装方式及安装高度；

③ 塔底液面至最下层塔板之间要留有 1～2m 的间距。

3. 进料空间高度 H_F

进料如果是液相，则 H_F 应稍大于一般的板间距，并满足安装人孔的需要即可。如果是两相进料，H_F 则要取得大一些，以利于进料两相的分离。一般可取 $H_F = 1.0 \sim 1.2m$。

4. 手孔或人孔

为了便于安装、检修或清洗设备内部的装置，需要在设备上开设人孔或手孔。人孔和手孔的结构基本上是相同的，通常是在短筒节（或管子）上焊一法兰，盖上人（手）孔盖，用螺栓、螺母连接压紧，两个法兰接触面之间放有垫片，孔盖上带有手柄。

对于直径大于或等于 800mm 的塔，采用人孔而非手孔。在处理清洁的物料时，每隔 6～8 块塔板设一个人孔；当物料很脏、需要经常清洗时，每隔 3～5 块塔板设一个人孔。此外，塔顶、塔底进料处必须设人孔。人孔有回形和长圆形两种，最常用的圆形人孔尺寸为 480mm×6mm（规格为 D_g 450），长圆形人孔最小尺寸为 400mm×300mm。凡是开有人孔的地方，塔板间距应等于或大于 600mm。

5. 裙座

塔设备的裙座可分为圆筒形和圆锥形两种。裙座的座圈高度一般由工艺决定，有再沸器时为 3～5m，无再沸器时为 2m 左右。

6. 封头

封头的常用形式有椭圆形、碟形、球形及锥形等。椭圆形封头在石油化工中应用最广，它由曲面部分及直边部分组成，如图 3-32 所示。标准椭圆形封头的长短轴之比为 2，其他结构尺寸见表 3-14。

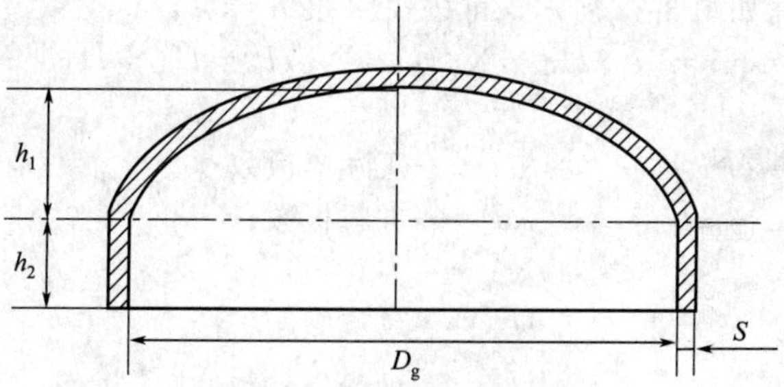

图 3-32　椭圆形封头示意图

表 3-14　标准椭圆形封头的尺寸

公称直径 D_g/mm	曲面高度 h_1/mm	直边高度 h_2/mm	壁厚 S/mm
600	150	25 40 50	4,6,8 10,12,14,16,18 20,22,24
700	175	25 40 50	4,6,8 10,12,14,16,18 20,22,24
800	200	25 40 50	4,6,8 10,12,14,16,18 20,22,24,26
900	225	25 40 50	4,6,8 10,12,14,16,18 20,22,24,26,28
1000	250	25 40 50	4,6,8 10,12,14,16,18 20,22,24,26,28,30
1200	300	25 40 50	6,8 10,12,14,16,18 20,22,24,26,28,30,32,34
1400	350	25 40 50	6,8 10,12,14,16,18 20,22,24,26,28,30~38
1600	400	25 40 50	6,8 10,12,14,16,18 20,22,24,26,28,30~42
1800	450	25 40 50	8 10,12,14,16,18 20,22,24,26,28,30~50
2000	500	25 40 50	8 10,12,14,16,18 20,22,24,26,28,30~50
2200	550	25 40 50	8 10,12,14,16,18 20,22,24,26,28,30~50
2400	600	40 50	10,12,14,16,18 20,22,24,26,28,30~50

注：1. 表中尺寸指以内径为公称直径的碳钢、低合金钢、复合钢材制的椭圆形封头。

2. 厚度指成型前的钢板厚度规格。

7. 筒体总高度

板式塔的实际塔高如图 3-33 所示，可按式(3-62) 计算：

$$H=(N-N_F-N_p)H_T+N_FH_F+N_pH_p+H_D+H_B+H_1+H_2 \tag{3-62}$$

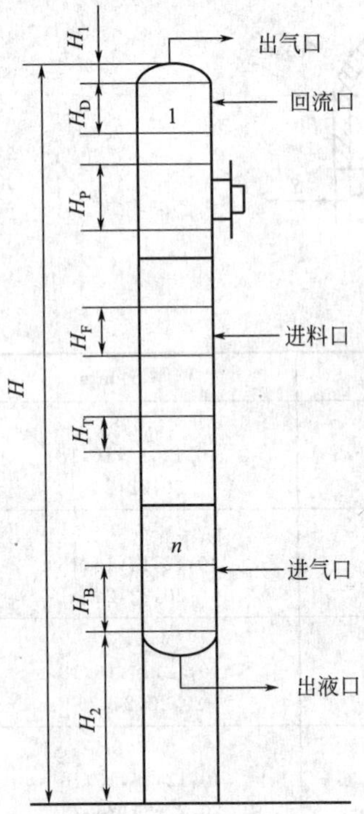

式中　H——塔高，m；

　　　N——实际塔板数；

　　　N_F——进料板数；

　　　N_p——人孔数；

　　　H_T——塔板间距，m；

　　　H_F——进料板处板间距，m；

　　　H_B——塔底空间高度，m；

　　　H_p——人孔处的板间距，m；

　　　H_D——塔顶空间高度，m；

　　　H_1——封头高度，m；

　　　H_2——裙座高度，m。

图 3-33　塔高示意图

二、附属设备的确定

　　精馏塔的附属设备包括蒸汽冷凝器、产品冷却器、再沸器（蒸馏釜）、原料预热器等，可根据前面章节的内容或相关资料进行选型。以下着重介绍再沸器（蒸馏釜）和冷凝器的热量衡算和类型特点。

(一) 热量衡算

1. 冷凝器的热量衡算

　　对图 3-34 中所示的精馏塔的冷凝器部分作热量衡算，以图中虚线框为衡算范围，可得

$$Q_V=Q_c+Q_L+Q_D+Q' \tag{3-63}$$

式中　Q_V——由塔顶蒸汽带入冷凝器热，kW；

$$Q_V=V\times I_V=D(R+1)I_V$$

　　　I_V——塔顶上升蒸汽的摩尔焓，kJ/kmol；

　　　Q_L——回流液带出热，kW；

$$Q_L=LI_L=RDI_L$$

　　　I_L——回流液的摩尔焓，kJ/kmol；

　　　Q_D——馏出液带出热，kW；

$$Q_D=DI_L$$

　　　Q_c——冷凝器的热负荷或冷却剂从冷凝器中取出的热量，kW；

　　　Q'——冷凝器的热损失，kW。

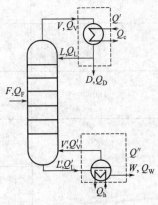

图 3-34　精馏塔热量衡算

　　代入并整理式(3-63) 可得冷凝器的热负荷 Q_c 为

$$Q_c=(R+1)D(I_V-I_L)-Q' \tag{3-64}$$

冷却剂的消耗量为

$$W_c=\frac{Q_c}{c_p(t_2-t_1)} \tag{3-65}$$

式中　W_c——冷却剂的消耗量，kg/s；

　　　c_p——冷却剂的平均热容，kJ/ (kg·℃)；

t_1、t_2——分别为冷却剂的进、出口温度，℃。

2. 再沸器（塔釜）的热量衡算

对图 3-34 中再沸器部分作热量衡算，以图中虚线框为衡算范围，可得

$$Q_h + Q'_L = Q'_V + Q_w + Q'' \tag{3-66}$$

式中 Q_h——塔釜的热负荷或加热蒸汽加入的热量，kW；

Q'_L——由提馏段进入塔釜的液体 L' 带入热，kW；

$$Q'_L = L'I'_L$$

I'_L——由提馏段进入塔釜的液体的摩尔焓，kJ/kmol；

Q'_V——塔釜上升蒸汽 V' 带出热，kW；

$$Q'_V = V'I'_V$$

I'_V——塔釜上升蒸汽的摩尔焓，kJ/kmol；

Q_w——残液带出热，kW；

$$Q_w = WI_w$$

I_w——残液的摩尔焓，kJ/kmol；

Q''——塔釜的热损失，kW。

将以上关系代入并整理式(3-66) 可得塔釜的热负荷为

$$Q_h = V'I'_V + WI_w - L'I'_L + Q''$$

因进入塔釜液体与残液的组成和温度相差不大，故可取 $I'_L \approx I_w$，且因 $V' = L' - W$，故

$$Q_h = V'(I'_V - I'_L) + Q'' \tag{3-67}$$

加热介质的消耗量为

$$W_h = \frac{Q_h}{I_1 - I_2} \tag{3-68}$$

式中 W_h——加热介质消耗量，kg/s；

I_1、I_2——加热介质进、出塔釜的焓，kJ/kg。

一般情况下，工业生产中常用饱和水蒸气作为加热介质，若其冷凝液在饱和温度下排出，则式(3-68) 中 $I_1 - I_2 = r$，式(3-68) 可写为：

$$W_h = \frac{Q_h}{r} \tag{3-69}$$

式中 r——饱和水蒸气的冷凝潜热，kJ/kg。

(二) 附属设备选型

对再沸器和冷凝器进行热量衡算后，可以根据衡算结果进行选型。下面主要针对再沸器和冷凝器的不同类型进行介绍。

1. 塔顶冷凝器

塔顶回流冷凝器通常采用管壳式换热器，有卧式、立式、管内或管外冷凝等类型。按冷凝器与塔的相对位置区分，有以下几类。

（1）整体式及自流式 将冷凝器直接安置于塔顶，冷凝液借重力回流入塔，此即整体式冷凝器，又称内回流式，如图 3-35(a)、(b) 所示。其优点是蒸气压降较小，节省安装面积，可通过改变升气管或塔板位置调节位差以保证回流与采出所需的压头。缺点是塔顶结构复杂，维修不便，且回流比难以精确控制。该方式常用于以下几种情况：①传热面积较小（例如 50m² 以下）；②冷凝液难以用泵输送或用泵输送会产生危险的场合；③减压蒸馏过程。

如图 3-35(c) 所示为自流式冷凝器，即将冷凝器置于塔顶附近的台架上，靠改变台架高度获得回流和采出所需的位差。

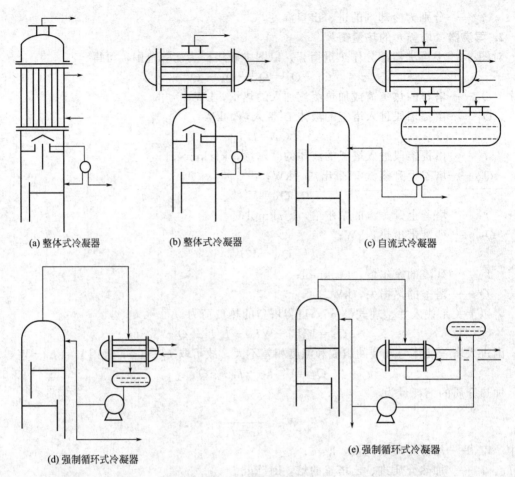

(a) 整体式冷凝器　　　　　(b) 整体式冷凝器　　　　　　　(c) 自流式冷凝器

(d) 强制循环式冷凝器　　　　　　　　　　　　　(e) 强制循环式冷凝器

图 3-35　冷凝器的类型

（2）强制循环式　当塔的处理量很大或塔板数很多时，若回流冷凝器置于塔顶，将造成安装、检修等操作的诸多不便，且造价高，此时可将冷凝器置于塔下部适当位置，用泵向塔顶输送回流，在冷凝器和泵之间需要设置回流罐，即为强制循环式。如图 3-35（d）所示为冷凝器置于回流罐之上，回流罐的位置应保证其中液面与泵入口间的位差大于泵的汽蚀余量，若罐内液温接近沸点，应使罐内液面比泵入口高出 3m 以上。如图 3-35（e）所示为将回流罐置于冷凝器的上部，冷凝器置于地面，冷凝液通过压差流入回流罐中，这样可减少台架，且便于维修，主要用于常压或加压蒸馏。

2. 再沸器（蒸馏釜）

该装置的作用是加热塔底料液使之部分汽化，以提供精馏塔内的上升气流。再沸器必须满足工艺生产的需要。若以工艺物流为热源，则还要求其能够最大程度的回收热能，产生蒸汽的压力和质量能够满足使用对象的要求。对再沸器系统则要求操作稳定、调节方便、结构简单、占地面积小、需要的塔体裙座低、造价便宜、加工制造容易、安装检修方便、使用周期长、运转安全可靠等。上述各项要求要同时满足是困难的，故在选择之前应该全面进行分析，综合考虑，找出主要的、起决定性作用的要求，然后兼顾一般，选择一种比较理想的再沸器类型。工业上常用的再沸器有以下几种。

（1）内置式再沸器　将加热装置直接设置于塔的底部，称为内置式再沸器，如图 3-36（a）所示。加热装置可采用夹管、蛇管或列管式加热器等不同类型，其装料系数依物系起泡倾向取 60%~80%，内置式再沸器的优点是安装方便、可减少占地面积，通常用于直径小于 600mm 的蒸馏塔中。

（2）釜式（罐式）再沸器　对直径较大的塔，一般将再沸器置于塔外，如图 3-36(b) 所示。其管束可抽出，为保证管束浸于沸腾液中，管束末端设溢流堰，堰外空间为出料液的缓冲区。其液面以上空间为气液分离空间。选用时，一般要求气液分离空间为再沸器总体积的 30% 以上。釜式再沸器的优点是汽化率高，可达 80% 以上，当工艺过程要求较高的汽化率时，宜采用釜式再沸器。此外，对于某些塔底物料需要分批移除的塔或间歇精馏塔，因操作范围变化大，也宜采用釜式（罐式）再沸器。

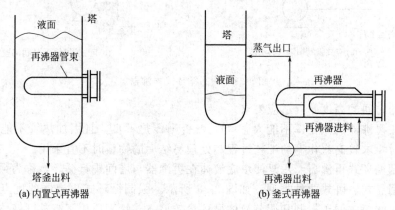

图 3-36　内置式及釜式再沸器

（3）热虹吸式再沸器　热虹吸式再沸器利用热虹吸原理，即再沸器内液体被加热部分汽化后，气液混合物密度小于塔内液体密度，使再沸器与塔间产生静压差，促使塔底液体被"虹吸"进入再沸器，在再沸器内汽化后返回塔中，因而不必用泵便可使塔底液体循环。热虹吸式再沸器有立式、卧式两种类型，如图 3-37 所示。

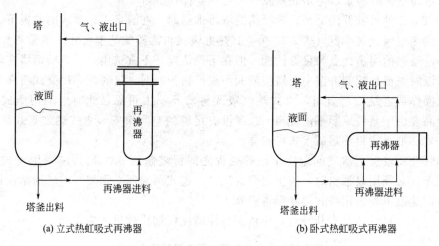

图 3-37　热虹吸式再沸器

立式热虹吸式再沸器的优点是：按单位面积计的金属用量显著低于其他类型，并且传热效果较好、占地面积小、连接管线短。但立式热虹吸式再沸器安装时要求精馏塔底部液面与再沸器顶部管板持平，要有固定标高，其循环速率受流体力学因素制约。当处理能力大，要求循环量大，传热面也大时，常选用卧式热虹吸式再沸器。一是由于随传热面加大，其单位面积的金属消耗量降低较快，二是其循环量受流体力学因素影响较小，可在一定范围内调整

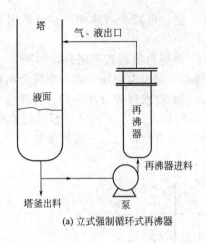

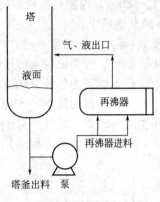

(a) 立式强制循环式再沸器   (b) 卧式强制循环式再沸器

图 3-38 强制循环式再沸器

塔底与再沸器之间的高度差以适应要求。

热虹吸式再沸器的汽化率不能大于 40%，否则传热不良，且因加热管不能充分润湿而易结垢，故对要求较高汽化率的工艺过程和处理易结垢的物料时不宜采用。

（4）强制循环式再沸器　用泵使塔底液体在再沸器与塔间进行循环，称为强制循环式再沸器，可采用立式、卧式两种类型，如图 3-38 所示。强制循环式再沸器的优点是：液体流速大，停留时间短，便于控制和调节液体循环量。该方式特别适用于高黏度液体和热敏性物料的蒸馏过程。

强制循环式再沸器因采用泵循环，使得操作费用增加，而且釜温较高时需选用耐高温的泵，设备费较高，另外料液易发生泄漏，故除特殊需要外，一般不宜采用。

应指出的是：再沸器的传热面积是决定塔操作弹性的主要因素之一，故估算其传热面积时安全系数需选大一些，以防塔底蒸发量不足影响操作。

综合以上几种再沸器的类型，选择精馏塔再沸器时，在满足工艺要求的前提下，首先考虑选用立式热虹吸式再沸器（表 3-15 为立式热虹吸式再沸器的基本尺寸，供参考）。因为它具有上述一系列的突出优点和良好性能，但在下列情况下不宜选用：①当精馏塔在较低液位下排出釜液时，或在控制方案中对塔釜液面不做严格控制时，这时应采用釜式再沸器；②在高真空下操作或者结垢严重时，立式热虹吸式再沸器不太可靠，此时应采用釜式再沸器；③当塔的高度由于某种原因不能提高，或者没有足够的空间来安装立式热虹吸式再沸器时，可采用卧式热虹吸式再沸器或釜式再沸器。

当加热介质较脏、清洗问题突出或管壳程之间温差超过 50℃时，应采用釜式再沸器。但当塔底产品必须用泵抽出时，为防止泵的汽蚀，釜式再沸器必须架高，塔的裙座也要随之相应提高，这就不如采用卧式热虹吸再沸器。

可见，各类再沸器都有其特点，应依据具体情况仔细比较后才能选择。

表 3-15　立式热虹吸式再沸器的基本参数

公称直径 D_g/mm	管子数	换热面积/m²（公称值/计算值）				公称压力 P_g/MPa
		管长 l/mm				
		1500	2000	2500	3000	
400	51	8/8.52	10/11.6	15/14.6	—	1.6,1.0
600	117	20/19.6	25/26.6	30/33.5		

公称直径 D_g/mm	管子数	换热面积/m²（公称值/计算值）				公称压力 P_g/MPa
		管长 l/mm				
		1500	2000	2500	3000	
800	205	35/34.2	15/16.6	55/58.8	70/71.2	
1000	355	60/59.3	80/80.6	100/102	120/123	
1200	505	85/84.4	110/114	140/145	170/175	1.6,1.0
1400	711	—	160/161	200/204	240/246	1.6壳/1.0管
1600	947	—	—	270/271	330/328	
1800	1181	—	—	340/338	400/408	

第六节　接管的确定

一、塔顶蒸气出口管的直径 d_v

从塔顶至冷凝器的蒸汽导管的尺寸必须适当，以避免过大的压力降。特别是减压塔，压降过高会影响塔内的真空度。表 3-16 给出了导管中蒸汽的常用速度 u_v，可供计算时参考。

表 3-16　蒸汽导管中的常用蒸汽流速

操作压力/mmHg[①]	蒸汽流速/(m/s)
常压	12～20
50～100（残压）	30～50
<50（残压）	50～70

① 1mmHg=133.322Pa。

蒸汽导管的直径为：

$$d_v = \sqrt{\frac{4V_s}{\pi u_v}} \tag{3-70}$$

式中　d_v——塔顶蒸汽导管内径，m；

　　　V_s——塔顶蒸汽量，m³/s。

考虑到生产中操作回流比的变动，V_s 应该比计算值大些。

二、回流管管径 d_R

回流管管径的计算分为两种情况：①当塔顶冷凝器安装在塔顶平台上时，回流液靠重力自流入塔，流速 u_R 可取 0.2～0.5m/s；②当回流用泵输送时，可取 1.5～2.5m/s。

回流管管径为：

$$d_R = \sqrt{\frac{4L_s}{\pi u_R}} \tag{3-71}$$

式中　d_R——回流管内径，m；

　　　L_s——回流液的体积流量，m³/s。

同样也需要考虑操作回流比的波动。

三、进料管管径 d_F

1. 液相进料

若采用高位槽送料入塔，料液速度可取 $u_F = 0.4～0.8$m/s；如果用泵输送料液，则可

取 $u_F = 1.5 \sim 2.5 \mathrm{m/s}$。加压塔一般不采用高位槽送料。

液相进料管内径为:

$$d_F = \sqrt{\frac{4L_F}{\pi u_F}} \qquad (3\text{-}72)$$

式中　d_F——进料管内径,m;

　　　L_F——液相进料的体积流量,$\mathrm{m^3/s}$。

2. 气液混相进料

若为气液两相进料,管径的计算比较复杂,当 $\rho_1 \geqslant \rho_V$ 及雷诺数 Re 较大时,可采用式 (3-73) 的近似方法估算混相流速 u_m;

$$u_m = u_v \sqrt{e} \qquad (3\text{-}73)$$

式中　u_m——气、液两相的混相流速,m/s。也可用其他两相流动的有关公式计算;

　　　u_v——经验气速,m/s,可参考表 3-16 选取;

　　　e——进料的质量汽化分数。

于是,气、液两相进料管的内径为:

$$d_F = \sqrt{\frac{4V_F}{\pi u_m}} \qquad (3\text{-}74)$$

式中　V_F——进料中的气相流量,$\mathrm{m^3/s}$。

四、塔底出料管管径 d_w

一般可取塔底出料管的料液流速为:$u_w = 0.5 \sim 1.5 \mathrm{m/s}$(一次通过式再沸器取 $0.5 \sim 1.0 \mathrm{m/s}$,循环式再沸器取 $0.5 \sim 1.5 \mathrm{m/s}$)。塔底出料管的内径为:

$$d_w = \sqrt{\frac{4L_w}{\pi u_w}} \qquad (3\text{-}75)$$

式中　L_w——塔底出料的体积流量,$\mathrm{m^3/s}$。

五、塔底至再沸器的接管管径 d_L

如果采用循环式再沸器,塔底应该有两个出口,一个是上述的塔底出料口,另一个则是塔底至再沸器的连接管口。该管内的液相流量与塔底循环比有关。所谓循环比即塔底液体的循环量与再沸器的汽化量之比。一般对于循环式热虹吸式再沸器,可取循环比(质量比)≥5。连接管内的液体流速可取 $1 \sim 1.5 \mathrm{m/s}$。

对于罐式再沸器和一次通过式再沸器,连接管内的液相流量即为提馏段的液相负荷 L'。连接管的管径可参照上述液相导管的计算公式进行计算。

六、再沸器返塔连接管管径 d_b

再沸器返塔连接管的计算也分几种情况考虑。

对于罐式再沸器,返塔的只是蒸气部分,其流量为提馏段气相负荷 V'。返塔连接管的管径可按塔顶蒸气出口管的计算方法计算。

对热虹吸式再沸器和泵强制输送式再沸器,返塔的为气、液两相。对一次通过式,其蒸气量为提馏段气相负荷 V',液相量为塔底产品量 W;对循环式,其蒸气量为 V',液相量则需由循环比决定。返塔管径的估算与气液混相进料的计算方法相同。

第七节　精馏装置带控制点的工艺流程图

一、带控制点的工艺流程图

精馏装置带控制点的工艺流程图是对精馏分离工艺步骤、工艺方法、物流和能量的合理配置和利用的总体图标。该图是按照装置工艺加工过程的顺序，以图线、图形的方式表达实现各个工艺步骤的设备、设备间的物流和能流关系，以及标有测量点和主要控制点的综合图示。它为施工、生产管理与操作提供基本依据。

按照化工制图的标准、规定或习惯，绘制工艺流程图。通常以粗实线表示主要物流线，以箭头表示物流方向，以细实线绘制设备轮廓。在流程恰当位置注明物流标号，注明温度、压力测量点，注明各个设备的名称。布图力求图面均匀，比例恰当。本节以苯-甲苯混合液的分离为例，绘制带控制点的工艺流程图，见图 3-39。

二、工艺流程说明

以苯-甲苯混合液的分离为例，结合图 3-39 进行工艺流程的说明。苯-甲苯混合液由离心泵 PI201 从原料槽 T201 送入进料热交换器 E201，原料液的流量由自动调节系统 FRC201 控制。原料液进入进料热交换器 E201 后与精馏塔 C201 的出塔残液进行热交换，由塔的适宜位置进入，原料液经过换热后进入精馏塔的温度由自动调节系统 TIC201 控制。TIC201 的控制方案是：通过自调阀的调节，控制进入进料热交换器 E201 和直接进入釜液储槽 V201 釜液的流量。当原料液入塔温度超过设定值时，则直接进入釜液储槽 V201 的釜液量加大，进入进料热交换器 E201 的流量减少；当原料液入塔温度低于设定值时，则直接进入釜液储槽 V201 的釜液量减少，进入进料热交换器 E201 的流量加大。

苯-甲苯混合液进入精馏塔 C201 后，在塔内进行传热、传质、分离。从塔顶出来的是含苯较高的馏出液，经塔顶冷凝器 E203 全部冷凝成饱和液体，进入回流槽 V202。回流槽 V202 的冷凝液部分进入塔顶产品储槽 V203，部分回流入塔。回流槽 V202 的液位由自动调节系统 LIC202 控制。精馏塔 C201 的塔顶压强由塔顶蒸汽管路上的自动调节系统 PIC201 控制，塔顶温度由回流液流量自动调节系统 TIC202 控制。

塔釜溶液部分进入塔釜再沸器 E202 汽化后作为气相回流进入塔内，塔釜温度通过调节再沸器的冷凝水排放量，以改变再沸器的面积来控制，由自调系统 TIC203 控制。塔釜液另一部分作为釜液与进料混合液换热后进入釜液储槽。塔釜的液位由釜液出口的自动调节系统 LIC201 控制。

第八节　精馏塔的工艺条件图

精馏塔的工艺条件图需要表达精馏塔的完整形状、有关结构的相对位置和尺寸，用单线画出设备外形和必要的设备内件，并标注设备的总体及尺寸、接管口、人（手）孔的位置及尺寸等。此外，还要注明装置的用途、生产能力、操作条件等。本节以图 3-39 中的精馏塔 C201 为例，简单地绘制了塔 C201 的工艺条件图，见图 3-40。

需要指出的是，完整的装置图应在此基础上进行机械强度计算，最后提供可加工制造的施工装备图。该图较为简化，只提供了工艺计算有关参数，仅供读者参考使用。

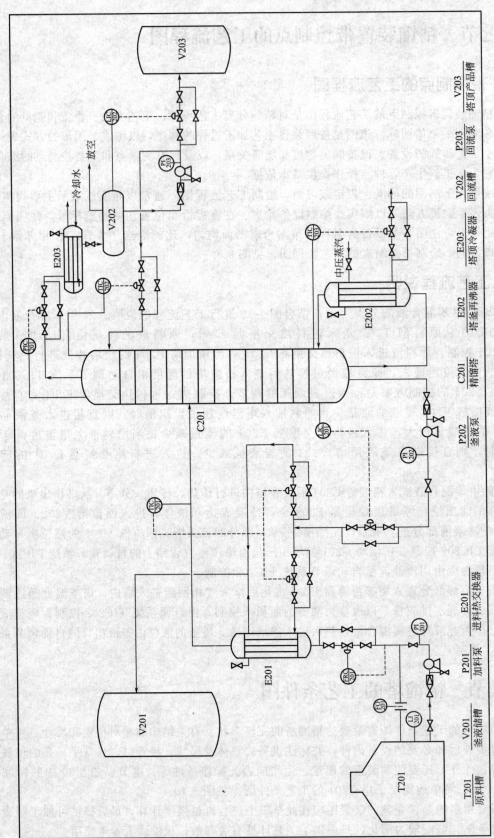

图 3-39　苯-甲苯分离的 PID 图

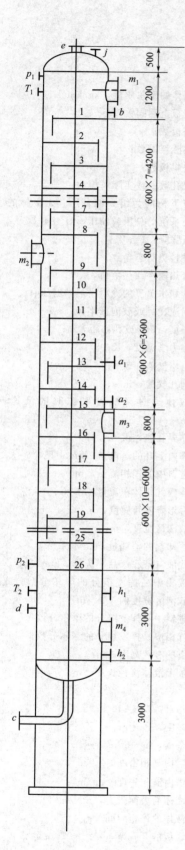

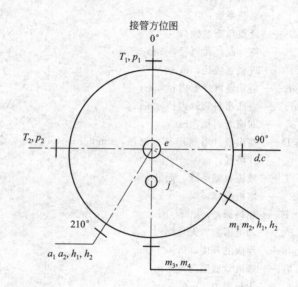

接管方位图

苯-甲苯浮阀精馏塔

操作压力：101.325kPa

加热蒸汽：饱和水蒸气，绝对压力2.5kgf/cm²(1kgf/cm²=98.0665kPa)

冷却水温度：20℃

年产量：15万吨/年

接管符号	说明	公称直径/mm	尺寸/mm
p_1, p_2	测压接管	$\phi 25$	$\phi 32 \times 3$
$m_1 \sim m_4$	人孔	$\phi 480$	
j	排空管	$\phi 50$	$\phi 57 \times 3.5$
e	塔顶蒸汽出口管	$\phi 300$	$\phi 325 \times 8$
h_1, h_2	自控液位接管	$\phi 25$	$\phi 32 \times 3$
c	釜液出口管	$\phi 100$	$\phi 103 \times 4$
d	塔釜上升蒸汽管	$\phi 350$	$\phi 377 \times 9$
a_1, a_2	进料管	$\phi 70$	$\phi 76 \times 3$

图 3-40　浮阀精馏塔工艺条件

主要符号说明

英文字母

A_b——板上液流面积，m^2；

c_p——定压比热容，$kJ/(kg \cdot K)$ 或 $kJ/(kmol \cdot K)$；

C——负荷系数；

C_F——泛点负荷系数；

d_0——筛（阀）孔直径，mm；

d_F——进料管内径，m；

d_v——塔顶蒸汽导管内径，m；

d_w——塔底出料管管内径，m；

d_R——回流管内径，m；

D——馏出液（塔顶产品）流量，kmol/h；或塔径，m；

E——液流收缩系数，无量纲；

E_T——塔板效率；

F——原料流量，kmol/h；

F_0——动能因数，无量纲；

h——浮阀的开度，m；

h_0——降液管底隙高度，m；

h_c——干板阻力，m；

h_1——气体通过板上充气液层的阻力，m；

h_L——板上液层高度，m；

h_w——出口堰高，m；

h_{ow}——堰上液层高度，m；

h'_w——进口堰高，m；

H_d——降液管中清液层高度，m；

H——物质的焓，kJ/kg 或 $kJ/kmol$；或实际塔高，m；

H_1——封头高度，m；

H_2——裙座高度，m；

H_B——塔底空间高度，m；

H_d——降液管中全部泡沫及液体折合为清液柱的高度，m；

H_D——塔顶空间高度，m；

H_F——进料板处板间距，m；或原料的焓，$kJ/kmol$；

H_p——人孔处的板间距，m；

H_T——塔板间距，m；

K——物性系数；

l_w——堰长，m；

L——液流量，m^3/h；

L_F——液相进料的体积流量，m^3/s；

L_s——塔内液相体积流量，m^3/s；

L_W——塔底出料的体积流量，m^3/s；

M——流体的摩尔质量，kg/kmol；

n——塔板上浮阀数；

N——塔板数；

N'——实际浮阀数；

N_F——进料板数；

N_p——人孔数；或实际塔板数；

p——有下标的为组分的分压，无下标的为系统的总压或外压，kPa；

Δp——压强降，Pa；

q——进料热状态参数；

Q——传热速率或热负荷，kW；

r——饱和水蒸气的冷凝潜热，kJ/kg；

R——回流比；或鼓泡区半径，m；

t——温度，℃；或孔心距，m；

T——热力学温度，K；

u——空塔气速，m/s；

u_0——阀孔气速，m/s；

u'_0——液体通过降液管底隙时的流速，m/s；

u_{0c}——临界孔速，m/s；

V——塔内上升的蒸汽量，kmol/h；

V_F——进料中的气相流量，m^3/s；

V_s——塔内气相体积流量，m^3/s；

W_d——弓形降液管宽度，m；

W_s、W'_s——破沫区宽度，m；

W_c——冷却剂的消耗量，kg/s；

W——残液（塔底产品）流量，kmol/h；

x——液相中易挥发组分的摩尔分数；或鼓泡区宽度的 $1/2$，m；

x_F——进料中易挥发组分的摩尔分数；

y——气相中易挥发组分的摩尔分数；

Z——塔的有效高度，m；

Z_L——板上液体流径长度，m。

希腊字母

α——相对挥发度；

μ——黏度，$Pa \cdot s$；

ρ——密度，kg/m^3；

ρ_V——塔内气相密度，kg/m^3；

ρ_L——塔内液相密度，kg/m^3；

σ——液体的表面张力，mN/m；

θ——液体的停留时间，s；

φ——塔板的开孔率，%；

ϕ——系数；

ε_0——板上液层充气程度的因数，称为充
气系数，无量纲。

下标

A——易挥发组分；
B——难挥发组分；
D——馏出液；
F——原料液；
L——液相；

m——平均或塔板序号；
min——最小或最少；
n——塔板序号；
q——与平衡线交点；
T——理论的；
V——气相的；
W——残液。

参 考 文 献

[1] 大连理工大学化工原理教研室. 化工原理课程设计. 大连：大连理工大学出版社，1994.
[2] 时钧等. 化学工程手册. 第2版. 北京：化学工业出版社，1996.
[3] 余国琮等. 化工容器及设备. 北京：化学工业出版社，1980.
[4] 卓震主. 化工容器及设备. 北京：中国石化出版社，1998.
[5] 蒋丽芬等. 化工原理. 北京：高等教育出版社，2007.
[6] 吴俊等. 化工原理课程设计. 上海：华东理工大学出版社，2011.
[7] 汤金石等. 化工原理课程设计. 北京：化学工业出版社，1990.
[8] 柴诚敬等. 化工原理课程设计. 天津：天津科学技术出版社，2011.

第四章　填料吸收塔工艺设计及优化

第一节　概述

一、吸收操作及其应用

当气体混合物与适当的液体接触，气体中的一个或者几个组分溶解于液体中，而不能溶解的组分仍留在气体中，使气体得以分离。吸收过程是化工生产中常用的气体混合物的分离操作，其基本原理是利用混合物中各组分在特定的液体吸收剂中的溶解度不同，实现各组分分离的单元操作。

吸收分离的目的主要概括为两方面：一方面是回收或捕集气体混合物中的有用组分以制取产品；另一方面是除去混合气体中的有害成分使气体得以净化。实际过程往往同时兼有净化与回收的双重目的。

二、吸收过程对塔设备的要求

对于吸收操作而言，要实现高效、优质的分离，塔设备应满足以下要求：

（1）生产强度大　即单位塔截面气、液两相通过能力大；

（2）分离效率高　即选择高效塔内件实现高效传质分离；

（3）流体阻力小　即气体的压降要小，以节省动力消耗、降低操作费用；

（4）操作弹性好；

（5）结构简单可靠　制造成本和维修费用低。

工业生产中所采用的吸收设备有多种形式，其中以塔式最为常见。按气、液两相接触方式的不同，可将吸收设备分为级式接触和微分接触两大类。如图 4-1 所示。

在图 4-1（a）所示的板式吸收塔中，气液两相逐级逆流接触。气体自下而上通过板上小孔逐板上升，在每块板上与溶剂接触，可溶组分被部分溶解。在此类设备中，气液两相中可溶组分的浓度呈阶跃式变化，此时的吸收过程仍为稳定连续过程。

在图 4-1（b）所示设备中塔内充以填料，以形成填料层，填料层是塔内实现气液接触的

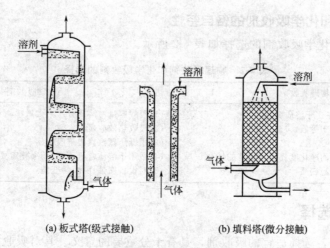

(a) 板式塔(级式接触)　　　　　(b) 填料塔(微分接触)

图 4-1　两类吸收设备

有效部件。气体通过在填料间隙所形成的曲折通道中上升与液体作连续的逆流接触，提高了湍动程度；单位体积填料层内有大量的固体表面，液体分布于填料表面呈膜状流下，增大了气液接触面积。在此类设备中，气液两相的浓度连续地变化，这是微分接触式的吸收设备。

三、填料吸收塔装置设计主要内容

根据设计任务书的要求，完成以下基本设计及优化内容：

(1) 确定吸收过程设计及优化方案；

(2) 塔装置的物料及能量衡算；

(3) 塔的化工设计计算；

(4) 填料塔附属内件选用；

(5) 绘制带有物料流向、流量、组成和主要控制点的工艺流程简图；

(6) 编写设计计算说明书。

第二节　设计方案的确定

一、吸收方法的选择

(一) 吸收方法和工业常用吸收剂

完成同一吸收任务，可选用不同吸收剂（如表 4-1 所示），从而采用不同的吸收方法。一般而言，当溶质含量较低，而要求净化度又高时，宜采用化学吸收法；若溶质含量较高，而净化度要求又不很高时，宜采用物理吸收法。

表 4-1　工业常用吸收剂

溶　质	溶　剂	溶　质	溶　剂
氨	水、硫酸	丙酮蒸气	水
氯化氢	水	二氧化碳	水、碱液
二氧化硫	水	硫化氢	碱液、有机溶剂
苯蒸气	煤油、洗油	一氧化碳	铜氨液

(二) 物理吸收剂和化学吸收剂的各自特性

物理吸收剂和化学吸收剂的选择如表 4-2 所示。

表 4-2　物理吸收剂和化学吸收剂的选择

物理吸收剂	化学吸收剂
(1)吸收容量(溶解度)正比于溶质分压	(1)吸收容量对溶质分压不太敏感
(2)吸收热效应很小(近于等温)	(2)吸收热效应显著
(3)常用降压闪蒸解吸	(3)用低压蒸汽汽提解吸
(4)适用于溶质含量高,而净化度要求不太高的场合	(4)适用于溶质含量不高,而净化度要求很高的场合
(5)对设备腐蚀性小,不易变质	(5)对设备腐蚀性大,易变质

二、吸收剂的选择

对于吸收操作,选择适宜的吸收剂,具有十分重要的意义。其对吸收操作过程的经济性有着十分重要的影响。一般情况下,选择吸收剂,要着重考虑如下问题。

(一) 对溶质的溶解度大

所选的吸收剂对溶质的溶解度大,则单位量的吸收剂能够溶解较多的溶质,在一定的处理量和分离要求条件下,吸收剂的用量小,可以有效地减少吸收剂循环量,这对于减少过程功耗和再生能量消耗十分有利。另一方面,在同样的吸收剂用量下,液相的传质推动力大,则可以提高吸收速率,减小塔设备的尺寸。

(二) 对溶质有较高的选择性

对溶质有较高的选择性,即要求选用的吸收剂应对溶质有较大的溶解度,而对其他组分则溶解度较小或基本不溶,这样,不但可以减小惰性气体组分的损失,而且可以提高解吸后溶质气体的纯度。

(三) 不易挥发

吸收剂在操作条件下应具有较低的蒸气压,以避免吸收过程中吸收剂的损失,提高吸收过程的经济性。

(四) 再生性能好

由于在吸收剂再生过程中,一般要对其进行升温或汽提等处理,能量消耗较大,因而,吸收剂再生性能的好坏,对吸收过程能耗的影响极大,选用具有良好再生性能的吸收剂,往往能有效地降低过程的能量消耗。

以上四个方面是选择吸收剂时应该考虑的主要问题,其次,还应该注意所选择的吸收剂应该具有良好的物理、化学性能和经济性。其良好的物理性能主要指吸收剂的黏度要小,不易发泡,以保证吸收剂具有良好的流动性能和分布性能。良好的化学性能主要指具有良好的化学稳定性和热稳定性,以防止在使用中发生变质,同时要求吸收剂尽可能无毒、无易燃易爆性,对相关设备无腐蚀性(或较小的腐蚀性)。吸收剂的经济性主要指应尽可能选择用廉价易得的溶剂。

三、吸收操作条件的确定

(一) 操作温度的确定

对于物理吸收而言,降低操作温度,对吸收有利。但低于环境温度的操作温度因其要消耗大量的制冷动力而一般是不可取的,所以一般情况下,取常温吸收较为有利。对于特殊条件的吸收操作方可采用低于或高于环境的温度操作。

对于化学吸收，操作温度应根据化学反应的性质而定，既要考虑温度对化学反应速率常数的影响，也要考虑对化学平衡的影响，使吸收反应具有适宜的反应速率。

对于再生操作，较高的操作温度可以降低溶质的溶解度，因而有利于吸收剂的再生。

一般的吸收设计中，由吸收过程的气液关系可知，温度降低可增加溶质组分的溶解度，即低温有利于吸收，但操作温度的最低限应由吸收系统的具体情况决定，通常情况下，操作温度选定为 20℃。

(二) 操作压力的确定

操作压力的选择根据具体情况的不同可分为以下三种。

对于物理吸收，加压操作一方面有利于提高吸收过程的传质推动力而提高过程的传质速率；另一方面，也可以减小气体的体积流率，减小吸收塔径，所以操作十分有利。但工程上，专门为吸收操作而为气体加压，从过程的经济性角度看是不合理的，因而在前一道工序的压力参数下可以进行吸收操作的情况下，一般是以前一道工序的压力作为吸收单元的操作压力。

对于化学吸收，若过程由质量传递过程控制，则提高操作压力有利，若由化学反应过程控制，则操作压力对过程的影响不大，可以完全根据前后工序的压力参数确定吸收操作压力，但加大吸收压力依然可以减小气相的体积流率，对减小塔径仍然是有利的。

对于减压再生（闪蒸）操作，其操作压力应以吸收剂的再生要求而定，逐次或一次从吸收压力减至再生操作压力，逐次闪蒸的再生效果一般要优于一次闪蒸效果。

一般的吸收设计中，由吸收过程的气液平衡可知，压力升高可增加溶质组分的溶解度，即加压有利于吸收。但随着操作压力的升高，对设备的加工制造要求提高，且能耗增加，综合考虑，通常采用常压 101.3kPa。

(三) 塔底液位的维持

塔底液位要维持在某一高度上。若液位过低，部分气体可能进入液体出口管，造成事故或污染环境；若液位过高，液体超过气体入口管，使气体入口阻力增大。液位可用液体出口阀来调节，液位过高，开大阀门，反之阀门关小。对高压吸收，要严格控制塔底液位，以免高压气体进入液体出口管，造成设备事故。

四、能量的综合利用

吸收装置设计中，只有充分利用工艺物流的各种能量，才能最大限度地减少外加能，以实现分离过程的节能和降耗。

（1）吸收操作压力是重要操作参数；

（2）尽可能减小吸收装置的压降；

（3）对于加压吸收、升温减压解吸的吸收装置，应设置液力透平回收高压富液减压放出的机械能。

吸收装置能量的综合利用具体方案很多，广泛参考典型实例会给设计者以启迪。

五、典型吸收-解吸过程流程

在实际生产中，最常见的流程是吸收与解吸的联合操作，这样的操作既能使气体混合物得到较完全的分离以实现回收纯净溶质，净化尾气的目的，又能使吸收剂得到不断的再生以重新循环使用，减少了新鲜吸收剂的用量，是一种经济有效的操作流程。

图 4-2 为合成氨生产中 CO_2 气体的净化操作流程。合成氨原料气（含 CO_2 30％左右）从底部进入吸收塔，塔顶喷入乙醇胺溶液。气、液逆流接触传质，乙醇胺吸收了 CO_2 后从塔底排出，塔顶排出的气体中 CO_2 含量可降至 0.5％以下。将吸收塔底排出的含 CO_2 的乙醇胺溶液用泵送至加热器，加热到 130℃ 左右后从解吸塔顶喷淋下来，与塔底送入的水蒸气逆流接触，CO_2 在高温、低压下自溶液中解吸出来。从解吸塔顶排出的气体经冷却、冷凝后得到可用的 CO_2。解吸塔底排出的含少量 CO_2 的乙醇胺溶液经冷却降温至 50℃ 左右，经加压仍可作为吸收剂送入吸收塔循环使用。

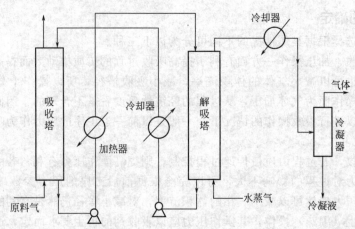

图 4-2　吸收与解吸流程

六、各类吸收设备

在吸收过程中，质量交换是在两相接触面上进行的。因此，吸收设备应具有较大的气液接触面，按吸收表面的形成方式，吸收设备可分为下列几类。

(一) 表面吸收器

吸收器中两相间的接触面是静止液面（表面吸收器本身的液面）或流动的液膜表面（膜式吸收器）。这类设备中的接触表面在相当大的程度上决定于吸收器构件的几何表面。

这类设备还可分为以下几种基本类型。

1. 水平液面的表面吸收器

在这类吸收器中，气体在静止不动或缓慢流动的液面上通过，液面即为传质表面，由于传质表面不大，所以此种表面吸收器只适用于生产规模较小的场合。通常将若干个气液逆流运动的吸收器串联起来使用。为了能使液体自流，可将吸收器排列成阶梯式，即沿流体的流向，后一个吸收器低于前一个吸收器。

水平液面的表面吸收器的效率极低，现在应用已很有限。只有从体积量不大的气体中吸收易溶组分，同时需要散除热量的情况下才采用它们。这类吸收器有时还用于吸收高浓度气体混合物中的某些组分。

2. 液膜吸收器

在液膜吸收器中，气液两相在流动的液膜表面上接触。液膜是沿着圆管或平板的纵向表面流动的。已知有以下三种类型的液膜吸收器：

（1）列管式吸收器　液膜沿垂直圆管的内壁流动；

（2）板状填料吸收器　填料是一些平行的薄板，液膜沿垂直薄板的两测流动；

（3）升膜式吸收器　液膜向上（反向）流动。

目前，液膜吸收器应用比较少，其中最常见的是列管式吸收器，常用于从高浓度气体混合物同时取出热量的易溶气体（氯化氢、二氧化硫）的吸收。

3. 填料吸收器

填料吸收器是装有各种不同形状填料的塔。喷淋液体沿填料表面流下，气液两相主要在填料的润湿表面上接触。设备单位体积内的填料表面积可以相当大，因此，能在较小的体积内得到很大的传质表面。但在很多情况下，填料的活性接触表面小于其几何表面。填料吸收器一般作成塔状，塔内装有支撑板，板上堆放填料层。喷淋的液体通过分布器洒向填料。在吸收器内，填料在整个塔内堆成一个整体。有时也将填料装成几层，每层的下边都设有单独的支撑板。当填料分层堆放时，层与层之间常装有液体再分布装置。

在填料吸收器中，气体和液体的运动经常是逆流的，而很少采用并流操作。但近年来对在高气速条件下操作的并流填料吸收器给予了很大的关注。在较高的气速下，不但可以强化过程和缩小设备尺寸，而且并流的阻力降也要比逆流时显著降低。这样高的气速在逆流时因为会造成液泛，是不可能达到的。如果两相的运动方向对推动力没有明显的影响，就可以采用这种并流吸收器。

填料吸收器的不足之处是难以除去吸收过程中的热量。通常使用外接冷却器的办法循环排走热量。曾有人提出在填料层中间安装冷却组件从内部除热的设想，但这种结构的吸收器没有得到推广。

4. 机械液膜吸收器

机械液膜吸收器可分为两类。在第一类设备中，机械作用用来生成和保持液膜，属于这一类的有圆盘式液膜吸收器。当圆盘转到液面上方时，便被生成的液膜所覆盖，吸收过程就在这一层液膜表面上进行。圆盘的圆周速度为 $0.2 \sim 0.3 m/s$。这种吸收器的传质系数与填料吸收器相近。

第一类设备没有什么明显的优点，并由于有转动部件的存在而使结构复杂化，同时还增加了能量消耗，因此这类设备没有得到推广。

第二类设备的实用意义较大。在这类设备中，转子的转动用来使两相混合，促使传质过程得到强化。这种设备称为"转子液膜塔"，常用于热稳定性较差的物质的精馏。显然，这种设备也可用于吸收操作。

（二）鼓泡吸收器

在这种吸收器中，接触表面是随气流而扩展的，在液体中呈小气泡和喷射状态分布。这样的气体运动（鼓泡）是以其通过充满液体的设备（连续的鼓泡）或通过具有不同形式塔板的塔来实现的。在填充填料的吸收器中，也可看到气体和液体相互作用的特征。这一类吸收器也包括以机械搅拌混合液体的鼓泡吸收器。鼓泡吸收器中，接触表面是由流体动力状态（气体和液体的流量）所决定的。

（三）喷洒吸收器

喷洒吸收器中的接触表面是通过在气相介质中喷洒细小液滴的方法而形成的。接触表面取决于流体动力学状态（液体流量）。这一类的吸收器中液体的喷洒是利用喷雾器（喷洒或空心的吸收器）、高速气体运动流的高速并流或旋转机械装置的机械来完成喷洒的。

在这些不同形式的设备中，现在最通用的是填料塔吸收器。

第三节　填料塔性能及简介

一、填料塔概述

填料塔属于化工单元操作中蒸馏（精馏）、吸收等的过程设备。物料在填料塔中的传质、分离主要是分散在填料表面进行。

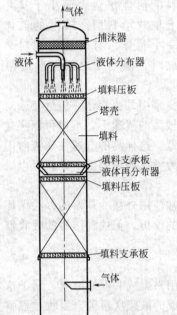

图 4-3　填料塔的结构

填料塔是以塔内的填料作为气液两相间接触构件的传质设备（如图 4-3 所示）。填料塔具有生产能力大、分离效率高、压降小、持液量小、操作弹性大等优点。

填料塔也有一些不足之处，如填料造价高；当液体负荷较小时不能有效地润湿填料表面，使传质效率降低；不能直接用于有悬浮物或容易聚合的物料；对侧线进料和出料等复杂精馏不太适合等。

规整填料塔的分离性能取决于内件，即填料、分布器、收集器等。同时也取决于许多参数，如气体负荷、液体负荷、物料性质、操作压力、填料湿润性能和液体分布不均匀等等。至今不能由填料的几何形状来精确计算塔的分离性能，需要通过填料塔的理论和不同条件下通过试验塔来测定准确数据。可根据资料以一级近似程度确定塔的尺寸和需要的填料高度。

二、填料塔的结构和特点

填料塔的塔身是一个直立式圆筒，底部有填料支撑板，填料以乱堆或整砌的方式放置在支撑板上。填料的上方安装填料压板，以防被上升气流吹动。液体从塔顶经液体分布器喷淋到填料上，并沿填料表面流下。气体从塔底流入，经气体分布装置（小直径塔一般不设气体分布装置）分布后，与液体呈逆流连续通过填料层的空隙，在填料的表面上，气液两相密切接触进行传质。当填料层较高时，需要进行分段，中间设置再分布装置。液体再分布装置包括液体收集器和液体再分布器两部分，上层填料流下的液体经液体收集器收集后，送到液体再分布器，经重新分布后喷淋到下层填料上。其中填料是填料塔的主要结构，塔的特性主要由它确定。工业上采用的填料形式分为散装填料、规整填料和格栅填料。工业上要求填料的传质分离效率高，压降小，气液相通量大。填料流体力学和传质性能的最基本特性为比表面积和空隙率，以及干填料因子。

为了使填料塔的设计满足分离要求的最佳设计参数（如理论板数、热负荷等）和最优操作工况（如进料位置、回流比等），准确地计算出全塔各处的组分浓度分布（尤其是腐蚀性组分）、温度分布、气液流率分布等，常采用高效填料塔成套分离技术。而且，20 世纪 80 年代以来，以高效填料及塔内件为主要技术代表的新型填料塔成套分离技术在国内受到了普遍重视。由于其具有高效、低阻、大通量等优点，广泛应用于化工、石化、炼油及其他工业部门的各类物系分离中。

第四节　塔填料性能及选择

塔填料（简称为填料）是填料塔中气液接触的基本构件，其性能的优劣是决定填料塔操作性能的主要因素，因此，塔填料的选择是填料塔设计的重要环节。

一、传质过程对塔填料的基本要求

填料的种类很多，根据装填方式的不同，可分为散装填料和规整填料两大类。散装填料根据结构特点不同，又可分为环形填料、鞍形填料、环鞍形填料及球形填料等。工业上，填料的材质分为陶瓷、金属和塑料三大类。工业生产对填料的基本要求如下。

1. 传质分离效率高

（1）填料的比表面积 a 大，即单位体积填料具有的表面积要大，因为它是气液两相接触传质的基础；

（2）填料表面安排合理，以防止填料表面叠合和出现干区，同时有利于气液两相在填料层中的均匀流动并能促进气液两相的湍动和表面更新，从而使填料表面真正用于传质的有效面积增大，总体平均的传质系数和推动力增高；

（3）填料表面对于液相润湿性好，润湿性好易使液体分布成膜，增大有效比表面积。润湿性取决于填料的材质，尤其是表面状况。塑料的润湿性比较差，往往需要进行适当的表面处理，金属表面黏着的加工用油脂需经过酸洗或碱洗清除。

2. 压降小，气液通量大

（1）填料的孔隙率 ε 大，压降就小，通量就大。一般孔隙率大，则填料的比表面积小，分离效率将变差。散装填料的尺寸大，孔隙率大，比表面积小，规整填料波纹片的峰高增大，孔隙率增大，比表面积也增大。如果填料的表面积安排合理，可以缓解 a 和 ε 的矛盾，达到最佳性能；

（2）减少流道的截面变化，可减少流体的流动阻力；

（3）具有足够的机械强度，陶瓷填料容易破碎，只有在强腐蚀性场合才采用；

（4）重量轻，价格低；

（5）具有适当的耐蚀性能；

（6）不被固体杂物堵塞，其表面不会结垢。

工业塔常用的散装填料主要有 DN16、DN25、DN38、DN50、DN76 等几种规格。塔径与填料直径比如表 4-3 所示。同类填料，尺寸越小，分离效率越高，但阻力增加，通量减小，填料费用也增加很多。而大尺寸的填料应用于小直径塔中，又会产生液体分布不良及严重的壁流，使塔的分离效率降低。

表 4-3　塔径与填料公称直径的比值 D/d 的推荐值

填料种类	D/d 的推荐值	填料种类	D/d 的推荐值
拉西环	$D/d \geqslant 20 \sim 30$	阶梯环	$D/d > 8$
鞍环	$D/d \geqslant 15$	环矩鞍	$D/d > 8$
鲍尔环	$D/d \geqslant 10 \sim 15$		

二、塔填料分类

目前散堆填料主要有环形填料、鞍形填料、环鞍形填料及球形填料（结构如图 4-4 所示）。所用的材质有陶瓷、塑料、石墨、玻璃及金属等。

(一) 拉西环填料

拉西环填料于1914年由拉西（F. Rashching）发明，为外径与高度相等的圆环，如图4-4(a)所示。拉西环填料的气液分布较差，传质效率低，阻力大，通量小，目前工业上已较少应用。

(二) 鲍尔环填料

鲍尔环是对拉西环的改进，在拉西环的侧壁上开出两排长方形的窗孔，被切开的环壁的一侧仍与壁面相连，另一侧向环内弯曲，形成内伸的舌叶，诸舌叶的侧边在环中心相搭［图4-4(b)］。鲍尔环由于环壁开孔，大大提高了环内空间及环内表面的利用率，气流阻力小，液体分布均匀。与拉西环相比，鲍尔环的气体通量可增加50%以上，传质效率提高30%左右。鲍尔环是一种应用较广的填料。

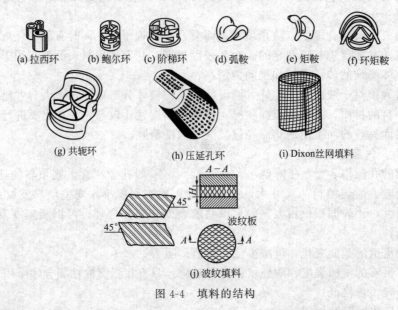

(a) 拉西环　(b) 鲍尔环　(c) 阶梯环　(d) 弧鞍　(e) 矩鞍　(f) 环矩鞍

(g) 共轭环　　　(h) 压延孔环　　　(i) Dixon丝网填料

(j) 波纹填料

图 4-4　填料的结构

(三) 阶梯环填料

如图4-4(c)所示，填料的阶梯环结构与鲍尔环填料相似，环壁上开有长方形小孔，环内有两层交错45°的十字形叶片，环的高度为直径的一半，环的一端呈喇叭口形状的翻边。这样的结构使得阶梯环填料的性能在鲍尔环的基础上又有提高，其生产能力可提高约10%，压降则可降低25%，且由于填料间呈多点接触，床层均匀，较好地避免了沟流现象。阶梯环一般由塑料和金属制成，由于其性能优于其他侧壁上开孔的填料，因此获得广泛的应用。

(四) 矩鞍填料

如图4-4(e)所示，将弧鞍填料［图4-4(d)］两端的弧形面改为矩形面，且两面大小不等，即成为矩鞍填料。矩鞍填料堆积时不会套叠，液体分布较均匀。矩鞍填料一般采用瓷质材料制成，其性能优于拉西环。目前，国内绝大多数应用瓷拉西环的场合，均已被瓷矩鞍填料所取代。

(五) 金属环矩鞍填料

如图4-4(f)所示，环矩鞍填料（国外称为Intalox）是兼顾环形和鞍形结构特点而设计出的一种新型填料，该填料一般以金属材质制成，故又称为金属环矩鞍填料。环矩鞍填料将环形填料和鞍形填料两者的优点集于一体，其综合性能优于鲍尔环和阶梯环，在散装填料中应用较多。

第五节 填料吸收塔设计及优化

根据给定的吸收设计任务，在选定吸收剂、操作条件和塔填料以后，可以进行填料吸收塔的化工设计。其主要内容为：查取气-液平衡关系数据，确定吸收塔流程，计算吸收剂用量和吸收液出塔浓度，计算塔径，填料层高度，填料层压降，泵及风机的选型等。

一、气-液平衡关系的获取

气-液相平衡关系是最基础的化工热力学数据。根据溶质组分，在确定吸收剂及操作温度、压力后，获取气-液平衡关系数据对吸收塔设计是至关重要的。平衡关系数据可以通过以下途径获得。

(一) 查阅气体溶解度数据与平衡数据专著与杂志

1. International Critical Tables (I. C. T)，Vol. Ⅲ （1928）。
2. Perry，Chemical Engineers Handbook，6th Edition，McGrawHill （1984）。
3. 日本化工学会每年出版的"物性定数"杂志。
4. 美国化工学会每年出版的 J. Chem. Eng. Data 等。

(二) 相平衡公式计算

1. 若吸收液为理想溶液，相平衡常数可由拉乌尔定律计算；
2. 若吸收液为非理想溶液，而为气体稀溶液，则相平衡常数可由亨利定律计算。

(三) 实验测定相平衡数据

实验测定具体物系的相平衡常数是最可靠和直接的方法。但是，在不方便实测时，可以查找经验公式估算。

二、确定吸收剂用量

(一) 全塔物料衡算

在单组分气体吸收过程中，通过吸收塔的惰性组分和纯吸收剂用量可认为不变，在作物料衡算时气液两相组成通常用摩尔比比较方便。

图 4-5 是一个处于连续稳定操作状态下的逆流接触的吸收塔。图中，$q_{n,V}$，$q_{n,L}$ 分别为单位时间内通过吸收塔的惰性组分和纯溶剂的摩尔流量（单位为 kmol/s 或 kmol/h），Y_1、Y_2 分别为进塔与出塔气体中溶质组分的摩尔比，X_1、X_2 分别为出塔与进塔液体中溶质的摩尔比。

气体在从塔底至塔顶的流动过程中，溶质浓度不断由 Y_1 下降到 Y_2，而液相中溶质浓度在入塔时最低（X_2），沿塔下降过程中不断增大至 X_1。对单位时间内进、出塔的溶质量作全塔物料衡算，得到下式：

$$q_{n,V}Y_1 + q_{n,L}X_2 = q_{n,V}Y_2 + q_{n,L}X_1 \tag{4-1}$$

移项整理后得到下式

$$q_{n,V}(Y_1 - Y_2) = q_{n,L}(X_1 - X_2) \tag{4-2}$$

这就是吸收塔的全塔物料衡算关系式。

通常情况下，进塔混合气体的组成和流量是吸收任务规定的。分离要求一般有两种表达方式，当吸收目的是除去气体中的有害物质时，一般直接规定吸收后气体中有害溶质的残余浓度 Y_2；当吸收目的为回收有用物质，通常规定溶质的回收率 η。回收率定义为：

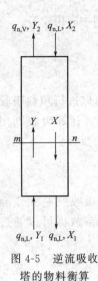

$q_{n,V}, Y_2$ $q_{n,L}, X_2$

Y X

m ————————— n

$q_{n,L}, Y_1$ $q_{n,L}, X_1$

图 4-5 逆流吸收
塔的物料衡算

$$\eta=\frac{被吸收的溶质量}{进塔气体中的溶质量}=\frac{q_{n,V}(Y_1-Y_2)}{q_{n,V}Y_1}=\frac{Y_1-Y_2}{Y_1} \qquad (4-3)$$

(二) 操作状态下液气比和吸收剂用量的确定

在吸收塔的设计计算中，气体的处理量 $q_{n,V}$ 及气体的进、出塔浓度（Y_1 和 Y_2）由设计任务规定，吸收剂的入塔浓度 X_2 则由工艺条件决定或由设计者选定，而吸收剂的用量就要由设计者确定。

由图 4-6(a) 可见，在 $q_{n,V}$、Y_1、Y_2、X_2 已知的情况下，吸收操作线的一个端点 A（X_2，Y_2）已经固定，另一个端点 B 则在 $Y=Y_1$ 的水平线上移动，点 B 的横坐标取决于操作线的斜率 $\frac{q_{n,L}}{q_{n,V}}$。$\frac{q_{n,L}}{q_{n,V}}$ 是吸收剂与惰性组分摩尔流量的比值，称为液气比，它表示处理单位气体所需消耗的溶剂用量。液气比是重要的操作参数，其值不但决定着塔设备的尺寸大小，还关系着操作费用的高低，它的选择是一个经济上的优化问题。

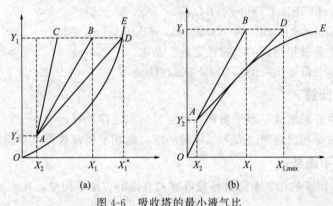

图 4-6 吸收塔的最小液气比

当吸收剂用量增大，即 $\frac{q_{n,L}}{q_{n,V}}$ 增大，出口浓度 X_1 减小，操作线向远离平衡线方向移动，此时操作线与平衡线间的距离增大，过程的平均推动力相应增大，完成规定分离任务所需的塔高降低，设备费用相应减少。但吸收剂用量增大引起的液相出口浓度降低，又必将使吸收剂的再生费用大大增加。

若减少吸收剂用量，$\frac{q_{n,L}}{q_{n,V}}$ 减小，操作线向平衡线靠近，传质推动力必然减小，完成规定分离任务所需塔高增大，设备费用增大。当吸收剂用量减小到使操作线的一个端点与平衡线相交或在某点相切时［如图 4-6(a) 所示］，在交点（或切点）处的气液两相已互成平衡，此时过程推动力为零，完成指定分离要求所需的塔高将无限大，此时的吸收剂用量为最小吸收剂用量，用 $q_{n,\min}$ 表示，相应的液气比称为最小液气比，用 $\left(\dfrac{q_{n,L}}{q_{n,V}}\right)_{\min}$ 表示。要注意的是，液气比的这一限制来自规定的分离要求，并非吸收塔不能在更低的液气比下操作，液气比小于此最低值，规定的分离要求将不能达到。

最小液气比可由物料衡算求得：

$$\left(\frac{q_{n,L}}{q_{n,V}}\right)_{\min}=\frac{Y_1-Y_2}{X_1^*-X_2} \qquad (4-4)$$

此式只适用于在最小液气比情况下，两相最先在塔底达到平衡的情况［即平衡关系满足亨利定律或平衡线，如图 4-6(a) 所示]。若平衡线如图 4-6(b) 所示的形状，则应读出图中 D 点的横坐标 $X_{1,\max}$ 的数值，再按式(4-5) 计算：

$$\left(\frac{q_{n,L}}{q_{n,V}}\right)_{\min}=\frac{Y_1-Y_2}{X_{1,\max}-X_2} \tag{4-5}$$

总之，在液气比下降时，只要塔内某一截面处气液两相趋近平衡，达到指定分离要求所需的塔高即为无穷大，此时的液气比即为最小液气比。

由以上分析可见，吸收剂用量的大小，应从技术和经济两方面综合考虑，权衡利弊，选择适宜的液气比，使设备费用和操作费用之和为最小。一般取操作液气比为最小液气比的 $1.1\sim2.0$ 倍较为适宜。即

$$\frac{q_{n,L}}{q_{n,V}}=(1.1\sim2.0)\left(\frac{q_{n,L}}{q_{n,V}}\right)_{\min} \tag{4-6}$$

三、塔径的计算

填料的特性、物系的性质及气液两相负荷都将影响到泛点气速的大小。由于气液两相在填料层中的流动非常复杂，根本无法通过解析计算求得泛点气速，只有通过经验关联。目前

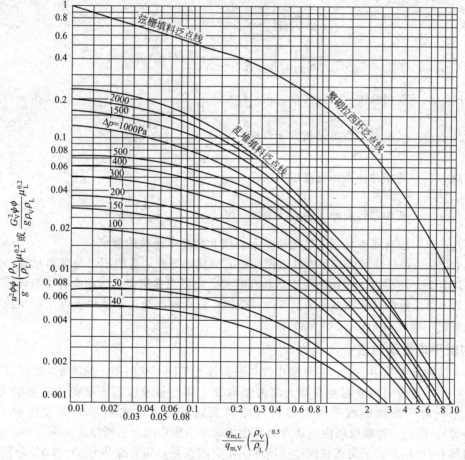

图 4-7　埃克特通用关联图

u—空塔气速，m/s；g—重力加速度，m/s²；ϕ—湿填料因子，m⁻¹；ψ—液体密度校正系数，为水的密度与液体密度之比；μ_L—液体的黏度，mPa·s；Δp—填料层压降；ρ_V、ρ_L—气体和液体的密度，kg/m³；$q_{m,V}$、$q_{m,L}$—气体和液体的质量流量，kg/s

计算填料层压降和泛点气速最常采用的是埃克特的通用关联图（图 4-7）。埃克特通用关联图充分反映了填料特性（以填料因子 ϕ 表示）、物系性质（ρ_V、ρ_L、μ_L）及气液负荷对泛点气速 u_F 的影响。图 4-7 中最上方的三条线分别为弦栅、整砌拉西环及乱堆填料的泛点线。与泛点线相对应的纵坐标中的空塔气速应为空塔泛点气速 u_F。若已知两相的流量及各自的密度，可算出图中横坐标的数值，由此点作垂线与泛点线相交，再由交点的读数求出泛点气速 u_F。求出泛点气速 u_F 后再乘以一个适宜的系数，可得适宜气速（空塔气速）u，即 $u = (0.5 \sim 0.8) u_F$。

再根据气体流量，用式(4-7)计算：

$$D = \sqrt{\frac{4 q_{n,V}}{\pi u}} \tag{4-7}$$

可计算填料塔的直径。根据算得的 D，再综合考虑前面所讨论的一些因素，对塔径进行圆整，就可得到适宜的填料塔直径。

四、填料层高度的计算

低浓度气体吸收时填料层高度的基本关系式为：

$$Z = \frac{q_{n,V}}{K_Y a \Omega} \int_{Y_2}^{Y_1} \frac{dY}{Y - Y^*} = H_{OG} N_{OG} \tag{4-8}$$

$$Z = \frac{q_{n,L}}{K_X a \Omega} \int_{X_2}^{X_1} \frac{dX}{X^* - X} = H_{OL} N_{OL} \tag{4-9}$$

式中 H_{OG}——气相总传质单元高度，m，$H_{OG} = \dfrac{q_{n,V}}{K_Y a \Omega}$；

N_{OG}——气相总传质单元数，无量纲，$N_{OG} = \displaystyle\int_{Y_2}^{Y_1} \frac{dY}{Y - Y^*}$；

H_{OL}——液相总传质单元高度，m，$H_{OL} = \dfrac{q_{n,L}}{K_X a \Omega}$；

N_{OL}——液相总传质单元数，无量纲，$N_{OL} = \displaystyle\int_{X_2}^{X_1} \frac{dX}{X^* - X}$。

因此，填料层高度也可看成是传质单元高度和传质单元数的乘积。

式中，a 为单位体积填料层内气液两相的有效接触面积，其值不仅与填料尺寸、形状、填充方式有关，还与流体的物性及流动状况有关，难以直接测定。为此常将 a 与传质系数的乘积视为一体，称为体积吸收系数。$K_Y a$ 和 $K_X a$ 分别称为气相总体积吸收系数及液相总体积吸收系数，单位为 $kmol/(m^3 \cdot s)$。

(一) 对数平均推动力法

在全塔物料衡算中已知，若将操作线与平衡线绘于同一张图上，如图 4-8 所示，操作线上任一点与平衡线间的垂直距离即为塔内某截面上以气相浓度差表示的传质推动力 $\Delta Y = (Y - Y^*)$，与平衡线的水平距离即为该截面上以液相浓度差表示的吸收推动力 $\Delta X = (X^* - X)$。因此，在吸收塔内推动力的变化规律是由操作线与平衡线共同决定的。

如图 4-8 所示，若平衡线在操作范围内满足直线关系，传质推动力 ΔY 和 ΔX 分别随 Y 和 X 的变化关系同传热过程的推动力 Δt 随 t 的变化关系类似，对照热、冷流体通过传热壁进行换热的平均推动力 Δt_m 的计算方法，不难导出吸收过程全塔平均推动力 ΔY_m 和 ΔX_m 的计算式。若以 ΔY_m 和 ΔX_m 代替 N_{OG} 或 N_{OL} 积分式中的 $(Y - Y^*)$ 和 $(X^* - X)$，则传质单

元数 N_{OG} 或 N_{OL} 计算式分别写为：

$$N_{OG} = \int_{Y_2}^{Y_1} \frac{dY}{Y - Y^*} = \frac{Y_1 - Y_2}{\Delta Y_m} \quad\quad (4\text{-}10)$$

式中

$$\Delta Y_m = \frac{(Y_1 - Y_1^*) - (Y_2 - Y_2^*)}{\ln \dfrac{Y_1 - Y_1^*}{Y_2 - Y_2^*}}$$

$$N_{OL} = \int_{X_2}^{X_1} \frac{dX}{X^* - X} = \frac{X_1 - X_2}{\Delta X_m} \quad\quad (4\text{-}11)$$

其中

$$\Delta X_m = \frac{(X_1^* - X_1) - (X_2^* - X_2)}{\ln \dfrac{X_1^* - X_1}{X_2^* - X_2}}$$

式中　ΔY_m、ΔX_m——分别为气、液相的对数平均推动力；

　　　Y_1、Y_2——进入和离开吸收塔的气相组成；

　　　Y_1^*、Y_2^*——与液相组成 X_1、X_2 平衡的气相组成；

　　　X_1、X_2——离开和进入吸收塔的液相组成；

　　　X_1^*、X_2^*——与气相组成 Y_1、Y_2 平衡的液相组成。

以上结果的得出是在两相逆流接触情况下，以操作线与平衡线均为直线作为前提的，对并流吸收操作同样适用。

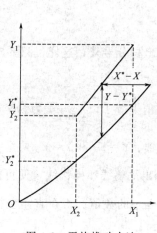

图 4-8　平均推动力法

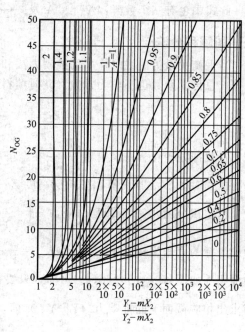

图 4-9　传质单元数计算图

（二）吸收因数法

当两相浓度较低时，平衡关系满足亨利定律，此时可将相平衡方程和操作线方程代入传质单元数的关系式中，然后直接积分求解。积分结果如式（4-12）所示：

$$N_{OG} = \frac{1}{1 - \dfrac{1}{A}} \ln \left[\left(1 - \frac{1}{A}\right) \frac{Y_1 - mX_2}{Y_2 - mX_2} + \frac{1}{A} \right] \quad\quad (4\text{-}12)$$

式中，$\dfrac{1}{A}=\dfrac{mq_{n,V}}{q_{n,L}}$ 称为解吸因数，是平衡线斜率与操作线斜率的比值，$A=\dfrac{q_{n,L}}{mq_{n,V}}$ 为吸收因数，无量纲。该式包含 N_{OG}、$\dfrac{1}{A}$ 和 $\dfrac{Y_1-mX_2}{Y_2-mX_2}$ 三个数群，三者的关系标绘于图 4-9。

在图 4-9 中，横坐标 $\dfrac{Y_1-mX_2}{Y_2-mX_2}$ 的值表示溶质吸收率的大小，也反映了分离要求的高低。其值越大，表明分离要求越高，完成分离任务所需的传质单元数越大。$\dfrac{1}{A}$ 值反映吸收过程推动力的大小。在相平衡关系确定的情况下，要改变 $\dfrac{1}{A}$，就要调节液气比。$\dfrac{1}{A}$ 越大，操作液气比越小，则传质推动力越小，完成同样吸收任务所需的传质单元数越多，设备费用越高，但操作费用较低。因而，分离要求越高，$\dfrac{1}{A}$ 值越大，则传质单元数 N_{OG} 越大，分离难度就越大。

图 4-9 只有在 $\dfrac{Y_1-mX_2}{Y_2-mX_2}>20$，$\dfrac{1}{A}\leqslant 0.75$ 的范围内读数才比较准确。

同理，也可积分得式(4-13)：

$$N_{OL}=\dfrac{1}{1-A}\ln\left[(1-A)\dfrac{Y_1-mX_2}{Y_1-mX_1}+A\right] \tag{4-13}$$

此式中也有三个数群：N_{OL}、A 及 $\dfrac{Y_1-mX_2}{Y_1-mX_1}$，三者关系也服从图 4-9 的曲线。

(三) 图解积分法

当平衡关系为曲线时，平均推动力法和吸收因数法将不再适用，且由于平衡线斜率处处不等，总传质系数也不再为常数。此时填料层高度可采用图解积分法按式(4-14) 进行计算：

$$Z=\int_{Y_2}^{Y_1}\dfrac{q_{n,V}\mathrm{d}Y}{K_Ya\Omega(Y-Y^*)} \tag{4-14}$$

在数据处理过程中，可将 $\dfrac{q_{n,V}}{K_Ya\Omega}$ 在全塔取一平均值移出积分号外，这样，只要求出平衡线为曲线时的 N_{OG} 即可算出填料层高度 Z。

由定积分的几何意义可知 $N_{OG}=\int_{Y_2}^{Y_1}\dfrac{\mathrm{d}Y}{Y-Y^*}$，在数值上等于以 $\dfrac{1}{Y-Y^*}$ 为纵坐标，以 Y 为横坐标的直角坐标系中，由 $f(Y)=\dfrac{1}{Y-Y^*}$ 曲线、Y 轴、$Y=Y_1$ 和 $Y=Y_2$ 两垂线所围成的面积 [如图 4-10(b) 所示]。因而，只要在 Y-X 图上画出平衡线和操作线，便可由任一 Y 值求出相应截面上的推动力 $(Y-Y^*)$ 值，继而求出 $\dfrac{1}{Y-Y^*}$ 的数值。再在直角坐标系中将 $\dfrac{1}{Y-Y^*}$ 与 Y 的对应数值进行标绘，所得函数曲线与 $Y=Y_1$ 和 $Y=Y_2$ 及横轴之间所包围的面积，就是气相总传质单元数。

若已知平衡关系的函数形式，也可用数值积分法计算 N_{OG}。这方面的内容本书不再详述，有兴趣者可自己查阅相关手册。

五、气体压降的计算

液体借助重力在填料表面作膜状流动。由于填料层是由许多填料堆积而成的，形状极不

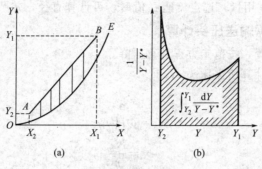

图 4-10 图解积分法求 N_{OG}

规则,因而有助于液膜的湍动。尤其是当液体自一个填料通过接触点流至下一个填料时,原来在液膜内层的液体可能转而处于表层,而表层的可能转入内层,由此产生的表面更新现象可大大地强化传质。

液体的流速与流动阻力有关,而液膜的流动阻力来自液膜与填料表面及液膜与上升气流之间的摩擦。在液体流量一定的情况下,阻力越大,流速越小,则液膜越厚,填料塔内持液量也越大。

液膜与上升气流间的摩擦阻力显然与气速(气体流量)有关。上升气体流量越大,液膜所受阻力也越大,则液膜厚度越大,塔内的持液量越大。但当气速较小时,气体与液膜间的摩擦阻力可忽略,可以认为液膜厚度或持液量与气体流量几乎无关。

气体通过填料层的流动通常为湍流流动。当填料层内液体流量为零,即气体通过干填料层时,压降与流速的 $1.8\sim2.0$ 次方成正比。图 4-11 所示为在双对数坐标系中标绘的压降与气速的关系曲线,直线斜率即为 $1.8\sim2.0$。

当气液两相在填料层内逆流流动时,由于液膜的存在占有了一定的空间,使得气体流动通道减少。此时,若气体流量较小,两相间的相互作用力可以忽略的话,则压降与气速之间仍为 $1.8\sim2.0$ 次方的关系。但由于气体流动通道(自由截面)的减少,气体的实际流速较干填料层时更大,因而压降要比干填料层时为大(图 4-11 中气速为空塔气速)。

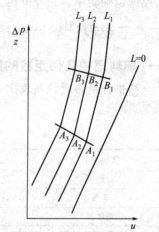

图 4-11 填料层压降与空塔气速的关系(双对数坐标)

随着气速的增大,气体与液膜之间的作用力不容忽视,气速增大引起液膜增厚,压降也发生显著变化,此时压降曲线变陡,其斜率远远大于 2。

气速若再进一步增大,将会使气液两相之间的交互作用越来越强烈。当气速达到某一值时,液膜所受阻力过大,塔内将发生液泛现象:塔内持液量急速增大,最终使液体充满填料层空间,转为连续相,而气体则为分散相,以气泡的形式穿过液层,此时塔内充满了液体,压降曲线的斜率急剧增大至 10 以上,塔内压降剧增。虽然塔内仍能维持正常操作,但塔内液体返混及气体的液沫夹带现象严重,传质效果极差。

六、管径及泵的选择

(一) 吸收剂输送管路直径计算

$$D=\left(\frac{4q_{V,s}}{\pi u}\right)^{0.5}$$

(4-15)

式中，$q_{V,s}$ 为吸收剂用量，选定流速 u 值后，可计算直径，并圆整。

(二) 管路总阻力和所需输送压头计算

根据管路平立面布置，按范宁方程计算压降。

根据伯努利方程，计算所需压头 H。

(三) 泵的功率计算

有效功率：
$$N_e = QH\rho g$$

轴功率：
$$N = \frac{N_e}{\eta}$$

式中 N——轴功率，W；

     N_e——有效功率，W；

     Q——泵在输送条件下的流量，m^3/s；

     H——泵在输送条件下的扬程，m；

     ρ——被输送液体的密度，kg/m^3；

     g——重力加速度，m/s^2。

(四) 泵的选择

根据吸收剂种类及性质、吸收剂用量、所需压头等数据选择泵的类型、型号；根据液体密度确定轴功率，选择电机。

七、主要设计参数的核算及优化

(一) 填料塔中几何定数的指标和核算

按推荐的最大填料段高度将填料层分段，段间设液体再分布器，填料塔中几何定数的指标见表 4-4。

表 4-4   填料塔中几何定数的指标

散堆填料	D/d_p	h/D	h_{max}/m
拉西环	≥20～30	2.5～3.0	<6
矩鞍	≥15	5.0～8.0	<6
鲍尔环	>10～15	5.0～10.0	<6
阶梯环	≥8～10	5.0～15.0	<6

(二) 液体喷淋密度的核算

填料表面的润湿情况是传质的基础。为保持良好的传质能力，每种填料应维持一定的液体润湿速率（或喷淋密度）：

$$润湿速率 = \frac{液体喷淋密度(L)}{填料比表面积(a_t)} = \frac{液体体积流量}{填料横截面上周长} \quad (m^2/s 或 m^2/h)$$

一般认为填料润湿速率不应小于合理的最小润湿速率（M. W. R.），一般填料取 M. W. R. $=0.08 m^3/(m \cdot h)$，直径大于 75mm 的拉西环、勒辛环或间距大于 50mm 的栅板填料取 M. W. R. $=0.12 m^3/(m \cdot h)$，则最小喷淋密度为：

$$(L_{喷})_{min} = (M. W. R.) a_t [m^3/(m^2 \cdot h)]$$

设计塔操作的液体喷淋密度 L 必须大于合理的最小喷淋密度 L_{min} 值，否则应增大 L/V，或考虑部分吸收液再循环。

第六节　填料塔附属内件选型

合理选择和设计填料塔的附属内件，对于保证塔设备正常操作，充分发挥通量大、压降低、效率高、弹性好等性能至关重要。主要附属内件有：填料支撑装置、液体分布装置、液体再分布装置、液体出口装置、气体进口装置及除沫装置等。

一、填料支撑装置

填料支撑装置是用来支撑填料层及其所持液体的重量，要求有足够的机械强度，其开孔率（大于 50%）一定要大于填料层的空隙率，以确保气液两相能够均匀顺利地通过，否则当气速增大时，填料塔的液泛将首先发生在支撑装置处。常用的填料支撑装置有栅板式和升气管式，见图 4-12。

栅板式支撑装置由扁钢条竖立焊接而成，钢条间距应为填料外径的 0.6~0.7 倍。为防止填料从钢条间隙漏下，在装填料时，先在栅板上铺上一层孔眼小于填料直径的粗金属丝网，或整砌一层大直径的带隔板的环形填料。若处理腐蚀性填料，支撑装置可采用陶瓷多孔板。但其开孔率通常小于填料层的空隙率，因而也可将多孔板制成锥形以增大开孔率。

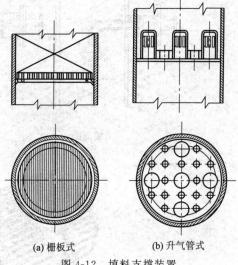

(a) 栅板式　　(b) 升气管式

图 4-12　填料支撑装置

升气管式支撑装置是为了适应高空隙率填料的要求制造的。气体由升气管上升，通过气道顶部的孔及侧面的齿缝进入填料层，而液体是由支撑装置底板上的许多小孔流下，气液分道而行，气体流通面积很大，不会在支撑装置处发生液泛。

二、液体分布装置

液体分布装置是为了向填料层提供足够数量并分布适当的喷淋点，以保证液体初始分布的均匀而设置的。液体分布装置对填料塔的性能影响很大。若设计不当，液体预分布不均匀，填料层内的有效润湿面积减小，而偏流及沟流现象增加，即使填料性能再好也达不到满意的效果。

填料塔中的壁流效应是由于液体在乱堆填料层中向下流动时具有一种向外发散的趋势，一旦液体触及塔壁，其流动不再具有随机性而沿壁流下。对大直径塔而言，塔壁所占比例越小，偏流现象应该越小，然而情况恰恰相反，多年来填料塔内正是由于严重的偏流现象而无法放大。究其原因，除了填料性能方面的原因外，液体初始分布不均和单位塔截面上的喷淋点数太少也是造成上述状况的重要因素。

近几十年来在大型填料塔中的操作实践表明，只要设计正确，保证液体预分布均匀，确保单位塔截面的喷淋点数目（每 30cm² 塔截面上有一个喷淋点）与小塔相同，填料塔的放大效应并不显著，大型塔与小型塔将具有同样的传质效率。

常见的液体分布装置如图 4-13 所示。图 4-13(a) 为喷洒式分布装置（莲蓬头），适用于小型填料塔内。这种喷淋器结构简单，只适用于直径小于 600mm 的塔，且喷头上的小孔容易堵塞，当气量较大时雾沫夹带严重。图 4-13(b)、(c) 均为盘式分布器，盘底装有短管的称为溢流管式，盘底开有筛孔的称为筛孔式。液体加至分布盘上，经筛孔或溢流短管流下。这类分布装置多用于大直径塔中，筛孔式的液体分布好，溢流管式自由截面积大，不易堵塞。但它们对气体的流动阻力较大，不适用于气体流量大的场合。图 4-13(d) 为齿槽式分布器，多用于大直径塔中。液体先经过主干齿向其下层各条形齿槽作第一级分布，之后再向填料层分布。这种分布器不易堵塞，对气体阻力小，但对安装水平要求较高，尤其是当液体流量较小时。图 4-13(e) 为多孔环管式液体分布器，能适应较大的液体流量波动，对安装水平要求不高，对气体阻力也很小，尤其适用于液量小而气量大的场合。

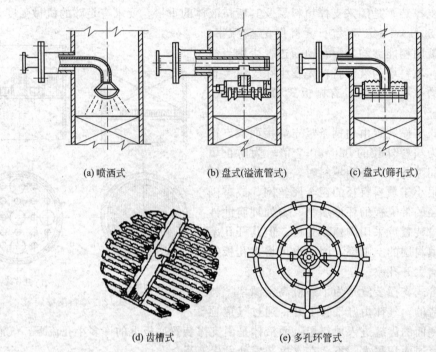

(a) 喷洒式　　　　　(b) 盘式(溢流管式)　　　　　(c) 盘式(筛孔式)

(d) 齿槽式　　　　　　　　(e) 多孔环管式

图 4-13　液体分布装置

三、液体再分布装置

为改善壁流效应引起的液体分布不均，可在填料层内每隔一定距离设置一个液体再分布器。每段填料层的高度因填料种类而异，壁流效应越严重，每段填料层的高度越小。一般情况下，拉西环的每段填料层高度约为塔径的 3 倍，而鞍形填料则大约为塔径的 5~10 倍。

常用的液体再分布装置为截椎式，图 4-14(a) 直接将截椎筒体焊在塔壁上，结构最简单。若考虑分段卸出填料，可如图 4-14(b) 在再分布器之上另设支撑板。

四、液体出口装置

液体出口应保留一段液封，既要保证液体能顺利流出，又要防止气体短路从液体出口排出。

五、气体进口装置

为防止液体进入气体管路，并使气体分布均匀，应在塔内安装气体进口装置。对直径小于 500mm 的塔，可采用图 4-15(a) 和 (b) 所示的装置，将进气管伸至塔截面中心位置，

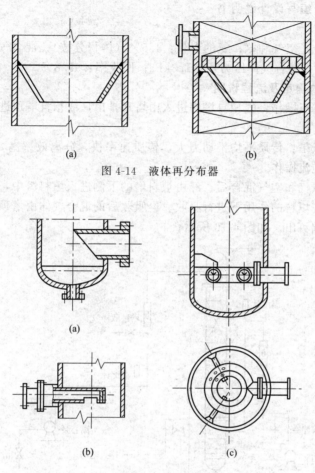

图 4-14　液体再分布器

图 4-15　气体进口装置

管端作 45° 向下倾斜的切口或向下的缺口。对于直径较大的塔,可采用图 4-15(c) 所示的盘管式分布装置。

六、除沫装置

除沫装置是用来除去由填料层顶部逸出的气体中的雾滴,安装在液体进口管的上方。其种类很多,常见的有折板除沫器、丝网除沫器和旋流板除沫器。

折板除沫器阻力较小,为 $5\sim10mmH_2O$ ($1mmH_2O=9.80665Pa$),只能除去 $50\mu m$ 以上的液滴。丝网除沫器是用金属丝或塑料丝编织而成,用以除去 $5\mu m$ 以上的微小液滴,压降小于 $25mmH_2O$,但造价较高。旋流板除沫器除沫效果比折板除沫器好,压降低于 $30mmH_2O$,造价比丝网便宜。

第七节　填料吸收塔设计及优化示例一

一、设计任务和操作条件

1. 设计任务

完成填料塔的工艺设计与计算及有关附属设备的设计和选型,绘制吸收系统的工艺流程图和填料塔装置图，编写设计说明书。

2. 操作条件

气体混合物成分：空气和氨；氨的含量：4.5%（体积分数）；混合气体流量：4000m³/h；操作温度：293K；混合气体压力：101.3kPa；回收率：99.8%。

3. 装置流程图的确定及流程说明

本次设计采用逆流操作：气相自塔底进入由塔顶排出，液相自塔顶进入由塔底排出，即逆流操作。

逆流操作的特点是：传质平均推动力大，传质速率快，分离效率高，吸收剂利用率高。工业生产中多采用逆流操作。

该填料塔中，氨气和空气混合后，经由填料塔的下侧进入填料塔中，与从填料塔顶流下的清水逆流接触，在填料的作用下进行吸收。经吸收后的混合气体由塔顶排出，吸收了氨气的水由填料塔的下端流出。如图 4-16 所示。

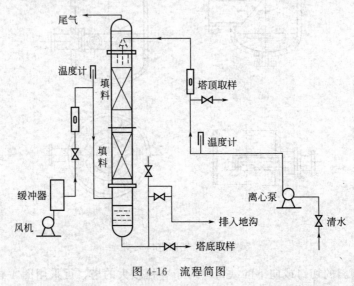

图 4-16　流程简图

二、确定设计方案

填料塔具有结构简单、容易加工、生产能力大、压降小、吸收效果好、操作弹性大等优点，所以在工业吸收操作中被广泛应用。在这次课程设计中，有很多操作条件，所以需要准确地设计好填料塔的每一部分。

三、设计及优化步骤

(一) 设计参数

1. 液相物性数据

对低浓度吸收过程，溶液的物性数据可近似取纯水的物性数据。由手册查得 20℃ 水的有关物性数据如下。$\rho_L = 998.2 \text{kg/m}^3$；黏度 $u_L = 0.001 \text{Pa} \cdot \text{s} = 3.6 \text{kg/(m} \cdot \text{h)}$；$\sigma_L = 72.6 \text{dyn/cm} = 940896 \text{kg/h}^2$；20℃ NH₃：$H = 0.725 \text{kmol/(m}^3 \cdot \text{kPa)}$，$p_L = 7.34 \times 10^{-6} \text{m}^2/\text{h}$，$D_L = 0.225 \text{cm}^2/\text{s} = 0.081 \text{m}^2/\text{h}$。

2. 气相物性数据

(1) 混合气体的平均摩尔质量：

$$M_{v,m} = \sum y_i m_i = 0.06 \times 17.0304 + 0.94 \times 29 = 28.2818 \text{ (kg/kmol)}$$

（2）混合气体的平均密度：

$$由 \rho_{v,m} = \frac{pM_{v,m}}{RT} = \frac{101.3 \times 28.2818}{8.314 \times 293} = 1.1761 \text{ (kg/m}^3\text{)}$$

式中，$R = 8.314 \text{m}^3 \cdot \text{kPa/(kmol} \cdot \text{K)}$。

（3）混合气体黏度可近似取为空气黏度。查手册得 20℃ 时，空气的黏度：

$$\mu_V = 1.73 \times 10^{-5} \text{Pa} \cdot \text{s} = 6.228 \times 10^{-2} \text{kg/(m} \cdot \text{h)}$$

注：$1\text{N} = 1\text{kg} \cdot \text{m/s}^2$，$1\text{Pa} = 1\text{N/m}^2 = 1\text{kg/(s}^2 \cdot \text{m)}$，$1\text{Pa} \cdot \text{s} = 1\text{kg/(m} \cdot \text{s)}$。

3. 气液平衡数据

由手册查得，常压下，20℃ 时，NH_3 在水中的亨利系数为 $E = 76.3\text{kPa}$；20℃ 时，NH_3 在水中的溶解度系数为 $H = 0.725 \text{kmol/(m}^3 \cdot \text{kPa)}$。

相平衡常数：

$$m = \frac{E}{p} = \frac{76.3}{101.3} = 0.7532$$

溶解度系数：

$$H = \frac{\rho_L}{EM_S} = \frac{988.2}{76.3 \times 18.02}$$

$$= 0.719 \text{ [kmol/(m}^3 \cdot \text{kPa)]}$$

(二) 吸收剂的选择

因为用水做吸收剂，故采用纯溶剂。

(三) 填料的类型与选择

1. 填料种类的选择

颗粒填料包括拉西环、鲍尔环、阶梯环等，规整填料主要有波纹填料、格栅填料、绕卷填料等。本次课程设计采用散装填料。鲍尔环是目前应用较广的填料之一，本次选用鲍尔环。

2. 填料规格的选择

工业塔常用的散装填料主要有 DN16、DN25、DN38、DN76 等几种规格。同类填料，尺寸越小，分离效率越高，但阻力增加，通量减小，填料费用也增加很多。大尺寸的填料应用于小直径塔中，又会产生液体分布不良及严重的壁流，使塔的分离效率降低。因此，对塔径与填料尺寸的比值要有一规定。常用填料的塔径与填料公称直径的比值 D/d 的推荐值列于表 4-3。

3. 填料材质的选择

工业上，填料的材质分为陶瓷、金属和塑料三大类。塑料材质主要有聚乙烯、聚丙烯、聚氯乙烯等，其特点是耐腐蚀性能好，质量轻，价格适中，但耐高温性及湿润性较差。金属材质有碳钢、铝钢和铝合金等，多用于操作温度较高而无显著腐蚀性的操作场合。陶瓷材质的材料耐腐蚀性较好，耐湿性强，价格便宜，但易破损。由于聚丙烯填料在低温（低于 0℃）时具有冷脆性，在低于 0℃ 的条件下使用要慎重，所以本次课程设计我们选耐低温性能良好的聚氯丙烯填料。

综上所述，可选择塑料鲍尔环散装填料 DN50。

4. 填料尺寸的选择

D/d 有一个下限值（一般为 10），若 D/d 低于此下限值时，塔壁附近的填料层孔隙率大而不均匀，气流易走短路，液体壁流加剧。

综上，由于该过程处理量不大，所用的塔直径不会太大，可选用 38mm 聚丙烯阶梯环塔填料，其主要性能参数如下：比表面积 a 为 $132.5\mathrm{m^2/m^3}$；空隙率 ε 为 0.91；填料因子 ϕ 为 $115\mathrm{m^{-1}}$。

(四) 填料塔的工艺计算

对低浓度吸收过程，溶液的物性数据可近似取纯水的物性数据。混合气体的黏度可近似取为空气的黏度。空气和水的物性常数如下。

空气：$\mu=1.81\times10^{-5}\mathrm{Pa\cdot s}=0.065\mathrm{kg/(m\cdot h)}$，$\rho=1.205\mathrm{kg/m^3}$。

水：$\rho_\mathrm{L}=998.2\mathrm{kg/m^3}$，$\mu_\mathrm{L}=1.004\mathrm{mPa\cdot s}$。

1. 物料衡算，确定塔顶、塔底的气液流量和组成

查手册知，20℃下氨在水中的溶解度系数：$H=0.725\mathrm{kmol/(m^3\cdot kPa)}$

亨利系数：
$$E=\frac{\rho_\mathrm{L}}{HM_\mathrm{S}}$$

相平衡常数：
$$m=\frac{E}{p}$$
$$=\frac{\rho_\mathrm{L}}{HM_\mathrm{S}p}=\frac{998.2}{0.725\times18.02\times101.3}$$
$$=0.754$$

进塔气相摩尔比为：
$$Y_1=\frac{0.045}{1-0.045}=0.04712$$

出塔气相摩尔比为：
$$Y_2=\frac{0.045\times(1-0.998)}{1-0.045}=0.00009424$$

对于纯溶剂吸收过程，进塔液相组成为：$X_2=0$（清水）

混合气体的平均摩尔质量为：
$$\overline{M}=0.045\times17.0304+(1-0.045)\times29=28.46\ (\mathrm{kg/kmol})$$

混合气体流量：
$$\overline{q}_\mathrm{n,V}=\frac{pq_\mathrm{V,h}}{RT}=\frac{101.3\times4000}{8.314\times293}==166.34\ (\mathrm{kmol/h})$$

惰性气体流量：
$$q_\mathrm{n,V}=166.34\times(1-0.045)=158.85\ (\mathrm{kmol/h})$$

最小液气比：
$$\left(\frac{q_\mathrm{n,L}}{q_\mathrm{n,V}}\right)_\mathrm{min}=\frac{Y_1-Y_2}{X_1^*-X_2}$$
$$=\frac{Y_1-Y_2}{\dfrac{Y_1}{m}-X_2}=\frac{0.04712-0.00009424}{\dfrac{0.04712}{0.754}-0}=0.752$$

取实际液气比为最小液气比的 1.5 倍，则可得吸收剂用量为：
$$q_\mathrm{n,L}=0.752\times158.85\times1.5=179.183\ (\mathrm{kmol/h})$$
$$X_1=\frac{q_\mathrm{n,V}(Y_1-Y_2)}{q_\mathrm{n,L}}$$
$$=\frac{0.04712-0.00009424}{0.752\times1.5}=0.04169$$

2. 塔径的计算

混合气体的密度：

$$\rho_V = \frac{p\overline{M}}{RT} = \frac{101.3 \times 10^3 \times 28.46 \times 10^{-3}}{8.314 \times 293} = 1.183 \ (kg/m^3)$$

液气比：

$$\frac{q_{m,L}}{q_{m,V}} = \frac{179.183 \times 18}{4000 \times 1.183} = 0.682$$

采用贝恩-霍根泛点关联式计算泛点速度，公式如下：

$$\lg\left(\frac{u_F^2}{g} \times \frac{a_t}{\varepsilon^3} \times \frac{\rho_V}{\rho_L} \times \mu_L^{0.2}\right) = A - K\left(\frac{q_{m,L}}{q_{m,V}}\right)^{\frac{1}{4}}\left(\frac{\rho_V}{\rho_L}\right)^{\frac{1}{8}}$$

根据题意，取 $A = 0.204$，$K = 1.75$，代入方程得：

$$\lg\left(\frac{u_F^2}{g} \times \frac{a_t}{\varepsilon^3} \times \frac{\rho_V}{\rho_L} \times \mu_L^{0.2}\right)$$

$$= 0.204 - 1.75 \times \left(\frac{179.183 \times 18}{4000 \times 1.183}\right)^{\frac{1}{4}} \times \left(\frac{1.183}{998.2}\right)^{\frac{1}{8}}$$

$$= -0.481$$

$$\frac{u_F^2 a_t}{g\varepsilon^3} \frac{\rho_V}{\rho_L} \mu_L^{0.2} = 0.3304$$

$$u_F = \sqrt{\frac{0.3304 \times 9.81 \times 0.91^3 \times 998.2}{132.5 \times 1.183 \times 1.004^{0.2}}} = 3.923 \ (m/s)$$

取泛点率为 0.6，即 $u = 0.6u_F = 0.6 \times 3.923 = 2.354 \ (m/s)$

$$D = \sqrt{\frac{4q_{V,s}}{\pi u}}$$

$$= \sqrt{\frac{4 \times 4000}{3.14 \times 2.354 \times 3600}} = 0.7754 \ (m/s)$$

圆整后取 $D = 0.8m$。

泛点率校核：

$$u = \frac{q_{V,s}}{\frac{\pi}{4}d^2} = \frac{\frac{4000}{3600}}{0.785 \times 0.8^2} = 2.212 \ (m/s)$$

$$\frac{u}{u_F} = \frac{2.212}{3.923} = 0.5639(在允许的范围内)$$

填料规格校核：$\frac{D}{d} = \frac{800}{38} = 21.05 > 8$

液体喷淋密度校核，取最小润湿速率为：$(L_w)_{min} = 0.08m^3/(m \cdot h)$，$a_t = 132.5m^2/m^3$。

所以 $$U_{min} = (L_w)_{min}a_t = 0.08 \times 132.5 = 10.6[m^3/(m^2 \cdot h)]$$

$$U = \frac{q_{L,h}}{0.785D^2}$$

$$= \frac{179.183 \times 18 \times 998.2}{0.785 \times 0.8^2}$$

$$= 6.41 \times 10^6 \ [m^3/(m^2 \cdot h)] > U_{min}$$

经以上校核可知，填料塔直径选用 $D = 0.8m$ 合理。

3. 填料层高度的计算

填料层高度计算涉及物料衡算、传质速率和相平衡关系。对于整个吸收塔，气、液的浓度分布都沿塔高变化，吸收速率在变化。所以要在全塔范围内应用吸收速率关系式，就要采用微分方法，然后积分得到填料层的总高度。

选取传质单元数法求解填料层高度。原料气组成中氨气含 4.5%，属于低浓度吸收。

查表知，0℃、101.3kPa 下，NH_3 在空气中的扩散系数 $D_0 = 0.17 cm^2/s$。

由 $D_V = D_0 \left(\dfrac{p_0}{p}\right)\left(\dfrac{T}{T_0}\right)^{\frac{3}{2}}$，则 293K、101.3kPa 下，$NH_3$ 在空气中的扩散系数为：

$$D_V = D_0 \left(\frac{101.3}{101.3}\right)\left(\frac{293}{273}\right)^{\frac{3}{2}} = 0.189 \ (cm^2/s)$$

液相扩散系数 D_L 可取 1.80×10^{-9}（m^2/s）。

液体质量通量为：$U_L = \dfrac{q_{n,L} M_L}{\frac{\pi}{4} D^2} = \dfrac{179.183 \times 18}{0.785 \times 0.8^2} = 6419.77 \ [kg/(m^2 \cdot h)]$

气体质量通量为：$U_V = \dfrac{q_{V,h} \rho_V}{\frac{\pi}{4} D^2} = \dfrac{4000 \times 1.183}{0.785 \times 0.8^2} = 9418.79 \ [kg/(m^2 \cdot h)]$

$$Y_1^* = mX_1 = 0.754 \times 0.04169 = 0.03143$$
$$Y_2^* = mX_2 = 0$$

脱吸因数为：
$$\frac{1}{A} = \frac{mq_{n,V}}{q_{n,L}} = \frac{0.754}{0.752 \times 1.5} = 0.6684$$

气相总传质单元数为：

$$N_{OG} = \frac{1}{1 - \frac{1}{A}} \ln\left[\left(1 - \frac{1}{A}\right)\frac{Y_1 - Y_2^*}{Y_2 - Y_2^*} + \frac{1}{A}\right]$$

$$= \frac{1}{1 - 0.6684} \times \ln\left[(1 - 0.6684) \times \frac{0.04712 - 0}{0.00009424 - 0} + 0.6684\right]$$

$$= 15.425$$

气相总传质单元高度采用修正的恩田关联式计算：

$$\frac{a_w}{a_t} = 1 - \exp\left\{-1.45\left(\frac{\sigma_c}{\sigma_L}\right)^{0.75}\left(\frac{U_L}{a_t \mu_L}\right)^{0.1}\left(\frac{U_L^2 a_t}{\rho_L^2 g}\right)^{-0.05}\left(\frac{U_L^2}{\rho_L \sigma_L a_t}\right)^{0.2}\right\}$$

式中　σ_L——液体表面张力，N/m；

σ_c——填料上液体铺展开的最大表面张力，N/m，要求 $\sigma_L < \sigma_c$。σ_c 的值见表 4-5；

U_L——液体空塔质量通率，$kg/(s \cdot m^2)$；

μ_L——液体的黏度，$N \cdot s/m^2$；

ρ_L——液体的密度，kg/m^3。

表 4-5　不同填料材质的 σ_c 值

材　质	σ_c/(dyn/cm[①])	材　质	σ_c/(dyn/cm[①])
碳	56	聚乙烯	33
陶瓷	61	钢	75
玻璃	73	涂石蜡的表面	20
聚氯乙烯	40		

① 1dyn/cm=1mN/m。

查表 4-5 知，$\sigma_c = 33\,\text{dyn/cm} = 427680\,\text{kg/h}^2$，所以：

$$\frac{a_w}{a_t} = 1 - \exp\left\{-1.45 \times \left(\frac{427680}{940896}\right)^{0.75} \times \left(\frac{6419.77}{132.5 \times 1.004 \times 10^{-3} \times 3600}\right)^{0.1} \times\right.$$

$$\left.\left(\frac{6419.77^2 \times 132.5}{998.2^2 \times 9.81 \times 3600^2}\right)^{-0.05} \times \left(\frac{6419.77^2}{998.2 \times 940896 \times 132.5}\right)^{0.2}\right\} = 0.2927$$

气膜吸收系数可由下式计算：

$$K_G = 0.237\left(\frac{U_V}{a_t \mu_V}\right)^{0.7}\left(\frac{\mu_V}{\rho_V D_V}\right)^{\frac{1}{3}}\left(\frac{a_t D_V}{RT}\right)$$

$$= 0.237 \times \left(\frac{9418.79}{132.5 \times 0.065}\right)^{0.7} \times \left(\frac{0.065}{1.183 \times 0.189 \times 3600 \times 10^{-4}}\right)^{\frac{1}{3}} \times$$

$$\left(\frac{132.5 \times 0.189 \times 10^{-4} \times 3600}{8.314 \times 293}\right)$$

$$= 0.1095\ [\text{kmol/(m}^2 \cdot \text{h} \cdot \text{kPa)}]$$

液膜吸收系数由下式计算：

$$K_L = 0.0095\left(\frac{U_L}{a_w \mu_L}\right)^{\frac{2}{3}}\left(\frac{\mu_L}{\rho_L D_L}\right)^{-\frac{1}{2}}\left(\frac{\mu_L g}{\rho_L}\right)^{\frac{1}{3}}$$

$$= 0.0095 \times \left(\frac{6419.77}{0.2927 \times 132.5 \times 1.004 \times 10^{-3} \times 3600}\right)^{\frac{2}{3}} \times$$

$$\left(\frac{1.004 \times 10^{-3} \times 3600}{998.2 \times 1.80 \times 10^{-9} \times 3600}\right)^{-\frac{1}{2}} \times \left(\frac{1.004 \times 10^{-3} \times 3600 \times 9.81 \times 3600^2}{998.2}\right)^{\frac{1}{3}}$$

$$= 0.3971\ (\text{m/h})$$

查表得：$\psi = 1.45$，则

$$K_G a = K_G a_w \psi^{1.1} = 0.1095 \times 0.2927 \times 132.5 \times 1.45^{1.1}$$
$$= 6.3908\ [\text{kmol/(m}^3 \cdot \text{h} \cdot \text{kPa)}]$$

$$K_L a = K_L a_w \psi^{0.4} = 0.3971 \times 0.2927 \times 132.5 \times 1.45^{0.4} = 17.868\,\text{h}^{-1}$$

$$\frac{u}{u_F} = 0.5639 > 0.5$$

由 $\begin{cases} K_G' a = \left[1 + 9.5\left(\dfrac{u}{u_F} - 0.5\right)^{1.4}\right] K_G a \\ K_L' a = \left[1 + 2.6\left(\dfrac{u}{u_F} - 0.5\right)^{2.2}\right] K_L a \end{cases}$ 得

$$K_G' a = [1 + 9.5(0.5639 - 0.5)^{1.4}] \times 6.3908 = 7.682\ [\text{kmol/(m}^3 \cdot \text{h} \cdot \text{kPa)}]$$

$$K_L' a = [1 + 2.6(0.5639 - 0.5)^{2.2}] \times 17.868 = 17.977\,\text{h}^{-1}$$

则 $$K_G a = \cfrac{1}{\cfrac{1}{K_G' a} + \cfrac{1}{HK_L' a}}$$

$$= \cfrac{1}{\cfrac{1}{7.682} + \cfrac{1}{0.725 \times 17.977}} = 4.834\ [\text{kmol/(m}^3 \cdot \text{h} \cdot \text{kPa)}]$$

由 $$H_{OG} = \frac{q_{n,V}}{K_Y a \Omega}$$

$$= \frac{q_{n,V}}{K_G a p \Omega} = \frac{158.85}{4.834 \times 101.3 \times 0.785 \times 0.8^2} = 0.646\ (\text{m})$$

由 $Z = H_{OG} N_{OG} = 0.646 \times 15.425 = 9.965$ （m）

$Z' = 1.20 \times 9.965 \approx 11.96$ （m）

取填料层高度为：$Z = 12$m

查表：对于阶梯环填料，$\dfrac{h}{D} = 8 \sim 15$，$h_{max} \leqslant 6$m。

将填料层分为两段设置，每段 6m，两段间设置一个液体再分布器。

4. 填料层压力降的计算

采用 Eckert 通用关联图计算填料层压降。

横坐标为：$\dfrac{q_{n,L}}{q_{n,V}} \left(\dfrac{\rho_V}{\rho_L} \right)^{0.5} = \dfrac{179.183 \times 18}{4000 \times 1.183} \times \left(\dfrac{1.183}{998.2} \right)^{0.5} = 0.0235$

查表得：$\qquad \qquad \phi_p = 116 \text{m}^{-1}$

纵坐标为：

$$\dfrac{u^2 \phi_p \psi}{g} \times \dfrac{\rho_V}{\rho_L} \times \mu_L^{0.2} = \dfrac{2.212^2 \times 116 \times 1}{9.81} \times \dfrac{1.183}{998.2} \times 1.004^{0.2} = 0.0686$$

查图得

$$\dfrac{\Delta p}{Z} = 451.26 \text{Pa/m}$$

填料层压降为：$\qquad \Delta p = 451.26 \times 12 = 5415 \text{Pa} = 5.415 \text{kPa}$

至此，吸收塔的物料衡算、塔径、填料层高度及填料层压降均已算出。

（五）填料塔内件的类型及设计

1. 塔内件类型

填料塔的内件主要包括填料、填料支撑件（支撑板、支撑栅等）、填料层压环、填料层限位器、液体（气体）分布器、液体收集再分布器、破漩涡器等。合理地选择和设计塔内件，对保证填料塔的正常操作及优良的传质性能十分重要。

2. 塔内件的设计

（1）填料支撑件的设计　填料支撑器对于保证填料塔的操作性能具有重大作用。其作用是用于支撑塔填料及所持有的气体、液体的质量，同时起着气液流道及气体均布作用。大体可分为两类：①平板形支撑板；②气体喷射型。填料支撑器采用结构简单、自由截面较大、金属耗用量较小的栅板作为支撑板。为了改善边界状况，可采用大间距的栅条，然后整砌一、二层按正方形排列的瓷质十字环，作为过渡支撑，以取得较大的孔隙率。由于采用的是 $\phi 38$mm 的填料，所以可用 $\phi 75$mm 的十字环。

塔径 $D = 800$mm，设计栅板由两块组成，且需要将其搁置在焊接于塔壁的支持圈或支持块上。分块式栅板，每块宽度为 400mm，每块重量不超过 600N，以便从人孔进行装入、取出。

（2）填料床层压板和限制器的设计　填料床层压板和限制器的作用是使填料塔在操作中保持填料床层为一恒定的固定床，从而使塔横截面上填料层的自由截面（空隙率）始终保持均匀一致，保证塔的稳定操作。

（3）液体分布器的设计　液体在填料塔顶喷淋的均匀状况是提供塔内气液均匀分布的先决条件，也是使填料塔达到预期分离效果的保证。

选型与设计要求：液体分布要均匀；自由截面率要大；操作弹性大；不易堵塞，不易引起雾沫夹带及起泡等；可用多种材料制作，且制作、安装方便，容易调整水平。

液体分布器的选型：液体在塔顶的初始均匀喷淋，是保证填料塔达到预期分离效果的重要条件。

液体分布器的安装位置：需高于填料层表面 200mm，以提供足够的自由空间，让上升气流不受约束地穿过分布器。根据该物系性质，可选用目前应用较为广泛的多孔型布液器中的排管式喷淋器。多孔型布液器能提供足够均匀的液体分布和空出足够大的气体通道（自由截面率一般在 70% 以上），也便于制成分段可拆结构。

液体引入排管喷淋器的方式采用液体由水平主管一侧引入，通过支管上的小孔向填料层喷淋。

由于液体的最大负荷低于 $25m^3/(m^2 \cdot h)$，按照设计参考数据可提供良好的液体分布：主管直径为 50mm，支管排数为 5，排管外缘直径为 760mm，最大体积流量为 $12.5m^3/h$。

排管式喷淋器采用塑料制造。

分布点密度计算：为了使液体初始分布均匀，原则上应增加单位面积上的喷淋点数。但是，由于结构的限制，不可能将喷淋点设计得很多。根据 Eckert 建议，当 $D \approx 750mm$ 时，每 $60cm^2$ 塔截面设一个喷淋点。则总布液孔数为：

$$n = \frac{0.785 \times 0.8^2}{60 \times 10^{-4}} = 83.73 \approx 84$$

布液计算：

由

$$q_{L,s} = \frac{\pi}{4} d_0^2 n \phi \sqrt{2g\Delta H}$$

且

$$q_{L,s} = \frac{179.183 \times 18}{3600 \times 998.2} = 8.98 \times 10^{-4} \ (m^3/s)$$

取 $\phi = 0.60$，$\Delta H = 160mm$。

则

$$d_0 = \sqrt{\frac{4q_{L,s}}{\pi n \phi \sqrt{2g\Delta H}}}$$

$$= \sqrt{\frac{4 \times 8.98 \times 10^{-4}}{3.14 \times 84 \times 0.6 \times \sqrt{2 \times 9.81 \times 0.16}}}$$

$$= 0.0036m$$

（4）液体收集再分布器的设计　实践表明，当喷淋液体沿填料层向下流动时，不能保持喷淋装置所提供的原始均匀分布状态，液体有向塔壁流动的趋势。因而导致壁流增加、填料主体的流量减小，影响了流体沿塔横截面分布的均匀性，降低传质效率。所以，设置再分布装置是十分重要的。可选用多孔盘式再分布器。分布盘上的孔数按喷淋点数确定，孔径为 $\phi 3.6mm$。为了防止上一填料层的液体直接流入升气管，应在升气管上设帽盖。它的设计数据如下：分布盘外径为 785mm，升气管数量为 6。

(六) 吸收塔塔体材料的选择

1. 吸收塔塔体材料：Q235-B

依据：操作压力为 101.3kPa，最大的操作温度为 293K，并且所要分离的物质是氨和空气，对材料的腐蚀性不大，在满足条件的材料中 Q235-B 的价格相对便宜，所以选择 Q235-B。

2. 吸收塔的内径

$D = 800mm$。

3. 壁厚的计算

Q235-B 当 δ 在 3~4mm 的范围内时 $[\sigma]^t = 113MPa$，操作压力 $p_c = 101.3kPa$，设计压力为：$p_t = 1.1p_c = 111.43kPa = 0.11143MPa$，选取双面焊无损检测的比例为全部，所以

$\psi=1$。

计算壁厚：

$$\delta_d = \frac{p_t D}{2[\sigma]^t \psi - p_t} + C_1 + C_2 = \frac{0.11143 \times 800}{2 \times 113 \times 1 - 0.11143} + C_1 + C_2$$

取 $C_1=0.2$，$C_2=1$。所以 $\delta_d=0.395+0.2+1=1.595$（mm），圆整后取 $\delta_n=3\text{mm}$（因为 Q235-B 材料的设备最小壁厚为 3mm，即 $\delta_{\min}=3\text{mm}$）。

4. 强度校核

求水压试验时的应力。因为 Q235-B 的屈服极限 $\sigma_s=235\text{MPa}$，所以 $0.9\sigma_s\psi=0.9\times1\times235=211.5\text{MPa}$，$\sigma_t=\frac{p_t(D+\delta_e)}{2\delta_e}$，$p_t'=1.25p_t\frac{[\sigma]}{[\sigma]^t}$，$\delta_e=\delta_n-C=3-(1+0.2)=1.8$，

$$\sigma_t = \frac{0.11143 \times (800+1.8)}{2 \times 1.8} = 24.82\text{MPa}$$

$\sigma_t=0.9\psi\sigma_s$，水压试验满足要求。

(七) 封头的选型依据、材料及尺寸规格

1. 封头的选型：标准的椭圆封头

选型依据：从工艺操作考虑，对封头形状无特殊要求。球冠形封头、平板封头都存在较大的边缘应力，且采用平板封头厚度较大，故不宜采用。理论上应对各种凸形封头进行计算、比较后，再确定封头形状。但由定性分析可知：半球形封头受力最好，壁厚最薄，但深度大，制造较难，中、低压小设备不宜采用；碟形封头的深度可通过过渡半径 r 加以调节，但由于碟形封头母线曲率不连续，存在局部应力，故受力不如椭圆形封头；标准椭圆形封头制造比较容易，受力状况比碟形封头好，故可采用标准椭圆形封头。

2. 封头材料的选择

封头材料可选择 Q235-B。

3. 封头高

因为长轴：短轴=2，即 $\frac{D}{2h}=2$，则封头高 h 为：

$$h = \frac{D}{4} = 200 \text{（mm）}$$

直边高度为 $h_2=25\text{mm}$（查 JB/T 4337—1995 可知）。

4. 封头壁厚

计算壁厚：对于标准椭圆形封头，$K=1$，所取封头是由整块钢板冲压而成，$\psi=1$，所以

$$\delta_d = \frac{p_t D}{2[\sigma]^t \psi - 0.5p_t} + C_1 + C_2 = \frac{0.11143 \times 800}{2 \times 113 \times 1 - 0.5 \times 0.11143} + 1 + 0.2 = 1.595$$

圆整后取 $\delta_n=3\text{mm}$。

5. 强度校核

校核筒体与封头水压试验强度，根据式 $\sigma_t = \frac{p_t(D+\delta_e)}{2\delta_e} \leqslant 0.9\psi\sigma_s$

式中，$\delta_e=\delta_n-C=3-(1+0.2)=1.8$

$$\sigma_t = \frac{p_t(D_1+\delta_e)}{2\delta_e}$$

$$p'_t = 1.25 p_t \frac{[\sigma]}{[\sigma]^t}$$

$\sigma_s = 235 \text{MPa}$，$\sigma_t = \dfrac{0.11143 \times (800 + 1.8)}{2 \times 1.8} = 24.82 \ (\text{MPa})$

$\sigma_t < 0.9 \psi \sigma_s$ 满足条件。

而 $\delta_e = 1.8$，$0.15\% D = 0.15\% \times 800 = 1.2 \ (\text{mm})$。

则 $\delta_e > 0.15\% D$ 满足条件。

(八) 液体的喷淋装置

喷淋装置的作用是为了能有效地分布液体，提高填料表面的有效利用率。本设计考虑到填料塔的直径为 800mm，则选用的是盘式分布器（分布盘结构参数列于表 4-6）。

表 4-6　分布盘结构参考数据

塔径 D /mm	分布盘直径 D_2 /mm	分布盘厚度 /mm	缓冲管尺寸 /mm
700	560		
800	640	4～6	108×4
900	740		

溢流盘式分布器是目前应用最广泛的分布器，特别适用于大型的填料塔，它的优点是操作弹性大，不易堵塞，操作可靠，由分布盘和进口管两部分组成。

本设计取填料塔 $D = 800\text{mm}$ 分布盘的直径为 640mm，分布盘的厚度为 5mm。表 4-7 为分布盘边缘锯齿的结构。

表 4-7　分布盘边缘锯齿的结构　　　　　　　　　　　　　单位：mm

名称	齿高	齿宽	齿距	板厚
数值	10～20	10～20	10～20	>30

(九) 除沫装置

除沫装置安装在液体再分布器上方，用以除去出气口气流中的液滴。由于氨气溶于水中易于产生泡沫，为了防止泡沫随出气管排出，影响吸收效率，采用除沫装置。根据除沫装置类型的使用范围，该填料塔选取丝网除沫器。丝网除雾器是一种分离效率较高，阻力较小，重量较轻，所占空间不大的除雾器，可除去含有大于 $5\mu\text{m}$ 的雾滴，效率可达到 $98\% \sim 99\%$，压力降不超过 250Pa。

丝网除雾器的设计计算如下。

1. 设计气速的计算

气体通过除雾器的速度是影响除雾器取得高效率的重要因素，设计气速可通过下式求取：

$$u = K \sqrt{\frac{\rho_L - \rho_G}{\rho_G}}$$

式中　u——气速，m/s；

$\quad K$——系数，可取 0.08～0.11；

$\quad \rho$——密度，kg/m^3。

2. 丝网盘的直径

丝网盘的直径取决于气体的处理量，可按下式计算：

$$D = \sqrt{\frac{4q_{V,s}}{\pi u}} = \sqrt{\frac{4 \times 4000}{3.14 \times 2.354 \times 3600}} = 0.7754 \text{ (m)}$$

圆整后取 $D = 0.8$m。

3. 丝网层厚度 H 的确定

对于金属丝网，当丝网直径为 $0.076 \sim 0.4$mm 时，在适宜气速下，丝网层的厚度取为 $100 \sim 150$mm 时，就能把气体中的绝大部分雾滴分离下来，当合成纤维丝网直径为 $0.005 \sim 0.03$mm 时，丝网厚度一般取 $H = 150$mm，则 $H_1 = 226$mm。

(十) 管结构

1. 气体和液体的进出口装置

流体的进出口结构设计，首先要确定的是管道口径，根据管口所输气体或液体的流量大小，由下式计算管口的直径：

$$D = \sqrt{\frac{4q_{V,s}}{\pi u}}$$

(1) 气体进出口装置 气体进口装置的设计，应能防止淋下的液体进入管内，同时要使气体分散均匀。因此，不宜使气体直接由接管口或水平管冲入塔内，而应使气体的出口朝向下方，使气流折转向上。

工业上，一般气体进料流速为 $10 \sim 20$m/s，则：

$$D = \sqrt{\frac{4q_{V,s}}{\pi u}} = \sqrt{\frac{4 \times 4000}{3.14 \times 15 \times 3600}} = 307 \text{ (mm)}，厚度为 8mm，所以取外径为 323mm。$$

(2) 液体进出口装置 工业上，一般液体进料流速为 $0.5 \sim 1.5$m/s，则：

$$D = \sqrt{\frac{4q_{L,s}}{\pi u}} = \sqrt{\frac{4 \times 3.878}{3.14 \times 1.0 \times 3600}} = 37.0 \text{ (mm)}，厚度为 4mm，所以取外径为 45mm。$$

液体出口装置的设计应便于塔内液体的排放，防止破碎的环塞住出口，并且要保证塔内有一定的液封高度，防止气体断路。本设计选用的是弯管式液体出口装置。

2. 填料卸出口

根据填料塔的特点，需要有填料卸出口，以便于检修时将填料卸出，填料卸出口的结构与人孔或手孔类似。

3. 塔体各开孔补强设计

(1) 开孔补强设计方法

① 适用的开孔范围 当圆筒内径 $D \leqslant 1500$mm 时，开孔最大直径 $d \leqslant D/2$ 且 $d \leqslant 520$mm，凸形封头的开孔最大直径 $d \leqslant D/2$。

② 内压容器开孔所需的补强面积 内压容器的圆筒、椭圆形封头开孔所需的补强面积为：

$$A = d\delta + 2\delta\delta_{et}(1 - f_r)$$

式中 d——开孔直径，圆形孔取接管内直径加两倍壁厚附加量，mm；

δ——壳体开孔处的计算厚度；

δ_{et}——接管有效厚度；

f_r——强度削弱系数，等于设计温度下接管材料与壳体材料许用应力的比值，当该比值大于 1.0 时，取 $f_r = 1.0$。

③ 壳体开孔所需补强面积 壳体开孔处的计算壁厚按以下公式计算：

圆筒：

$$\delta = \frac{pD}{2[\sigma]^t \psi - p}$$

椭圆形封头：

$$\delta = \frac{KpD}{2[\sigma]^t \psi - 0.5p}$$

（2）开孔补强结构　补强形式采用外加强接管。

依据：外加强接管结构简单，加工方便，又能满足补强要求，特别适用于中低压容器的开孔补强。

补强结构采用整段件补强。其依据是，这种结构是将接管与壳体连同加强部分作成整体锻件，然后与壳体焊在一起。其优点是补强金属集中于开孔应力最大部分，应力集中现象得到大大缓和。

(十一) 填料塔高度的确定（除去支座）

首先，对塔体尺寸的设计，塔体总有效高度（不包括裙座）由下列关系计算：塔高（H）=吸收段高度（H_1）+支持圈高度（H_2）+栅板高度（H_3）+支持板高度（H_4）+液体再分布装置高度（H_5）+液体喷淋装置高度（H_6）+塔底除雾沫器高度（H_7）+塔底段高度（H_8）+封头尺寸（H_9）+其他附属高度（H_{10}）。

1. 吸收段高度

通过化工原理相应知识的运用计算可得，吸收段的高度为 $H_1 = 12\text{m}$，同时将填料吸收段划分为三段。

2. 支持圈高度

支持圈采用圆环式支持圈，支持圈厚度应当考虑在塔高之中，以保证填料段的吸收效果。本设计中选用厚度为 10mm 的支持圈。

3. 栅板高度

本设计选用栅板式支撑板，栅板式的支撑结构较为常用，由竖立的扁钢制成。栅板可以制成整块式或分块式的。针对本设计中塔径为 700mm，所以将栅板设定为整块。栅板的运用起到了对吸收过程中吸收效果进行恒定和维持的重要作用，本设计中选用厚度为 10mm 的栅板。

4. 支持板高度

支持板用于支撑支持圈，同时为支撑填料起着至关重要的作用。本设计中选用支持板上段高度为 10mm 的支持板。

5. 液体再分布装置高度

在填料塔内，当液体沿填料层下流时，往往会产生壁流现象，使塔中心填料得不到良好的润湿，减少了气液接触的有效面积。为了克服这种现象，当填料层过高时，应将填料层分段装填，并在塔内每两段填料之间安装液体再分布装置，使液体重新分布。本次设计使用分配锥形再分布器，高度为 80mm。

6. 液体喷淋装置高度

液体喷淋装置的作用是能有效地分布液体，提高填料表面的有效利用率。液体喷淋装置的安装位置，通常需高于填料层表面 150~300mm，本设计取 250mm，提供足够的自由空间，让上升气流不受约束地穿过喷淋器。

7. 塔底除雾沫器高度

对于金属丝网，当丝网直径为 0.076~0.4mm 时，在适宜气速下，丝网层的厚度取 100~150mm 时，就能把气体中的绝大部分雾滴分离下来，当合成纤维丝网直径为 0.005~0.03mm 时，丝网厚度一般取 150mm，则 $H_7 = 226\text{mm}$。

8. 塔底段高度

塔底空间高度具有中间储槽的作用，塔釜料液最好能在塔底有 $5\sim8$min 的储量，以保证塔底料液不致排完。本设计选用 8min 的储存时间。

塔底空间高度一般取 $1.0\sim1.5$m，本设计取 1.2m，加之塔底液体的储备高度，则塔底段高度取 2.544m。

9. 封头尺寸

本设计中选用椭圆封头，根据填料塔的筒体尺寸为 800m，则椭圆的深度取为 200mm，直边高度 25mm。

其他附属高度：3.77m。

综上所述的介绍，则填料的总高度取为 19.83m。

(十二) 塔体总设备总质量

塔设备的总质量：$M=m_1+m_2+m_3+m_4+m_5$

式中　M——塔设备的总质量，kg；

　　　m_1——塔体的质量，kg；

　　　m_2——封头的质量，kg；

　　　m_3——填料的质量，kg；

　　　m_4——内部结构及其他附件的总质量，kg；

　　　m_5——水压测试的质量，kg。

1. 塔体的质量

$D=800$mm，选取直边高度椭圆形封头，其每米质量为 79kg，则

$$m_1=q_1\times L=79\times15=1185\ (\text{kg})$$

2. 封头的质量

因为填料塔的 $D=800$mm，直边高度为 25mm，其质量为 $q_2=23.9$kg。则：

$$m_2=2q_2=2\times23.9=47.8\ (\text{kg})$$

3. 填料质量

填料堆积密度 $\rho_p=76.8$kg/m³，填料高度为 $h=12$m，则：

$$m_3=\rho_p V=76.8\times12\times\frac{\pi}{4}\times0.8^2=463.01\ (\text{kg})$$

4. 内部结构及其他附件总质量

$$m_4=600(\text{kg})$$

5. 水压试验的质量

$$m_5=998.2\times7\times\frac{4}{\pi}\times0.49=4361.6\ (\text{kg})$$

则塔的大体质量约为：

$$M=m_1+m_2+m_3+m_4+m_5=6657.41\ (\text{kg})$$

(十三) 容器的支座与焊接

本设计选用裙式支座，也称裙座。裙座设计主要包括裙座圈、基础环厚度的确定、地脚螺栓个数、公称直径的确定及螺栓座几何尺寸的确定等。

（1）裙座常用材料为 Q235-B 的圆筒形裙座和圆锥形裙座，本次设计采用圆筒形。裙座的上端与塔体的底部封头焊接，下端与基础环、筋板焊接，距地面一定高度处设出料孔。裙座体上开直径为 50mm 的排气孔，在底部开设排液孔，以便液体随时排出液体。由于本次

设计的裙座直径为 800mm，所以无需开人孔，只需开两个手孔。

工业上裙座的高度一般取 3～5m，本次设计选用 4m，材料为 Q235-B，$D=800$mm，厚度为 8mm 的裙座。

本次设计地脚螺栓选择螺栓圆直径为 60in（1in=0.0254m），螺栓数为 12 个。

（2）裙座体与塔体的焊接形式有搭接焊缝与对接焊缝。本次设计采用对接焊缝，要求裙座与塔体直径相等，两者对接在一起，两边焊，可承受较大的轴向载荷。

（3）封头与塔体的焊接形式为对接焊。

（4）手孔与塔体的连接方式为角焊缝连接。

将填料吸收塔设计一览表列于表 4-8 中。

表 4-8　填料吸收塔设计及优化一览表

吸收塔类型：聚氯丙烯鲍尔环吸收填料塔		
混合气处理量：4000m³/h		
工艺参数		
物料名称	液相	气相
操作压力/kPa	101.3	101.3
操作温度/℃	20	20
流速/(m/s)	—	—
密度/(kg/m³)	998.2	1.1761
流量/(kg/h)		
塔径/mm	800	
填料层高度/mm	12000	
压降/kPa	5.415	
操作液气比	0.682	
分布点数	84	
黏度/[kg/(m·h)]	3.6	6.228×10^{-2}
表面张力/(kg/h)	940896	—

第八节　填料吸收塔设计及优化示例二

一、设计任务和操作条件

1. 设计任务

回收甲醇的填料吸收塔。完成填料塔的工艺设计与计算及有关附属设备的设计和选型，绘制吸收系统的工艺流程图和填料塔装置图，编写设计说明书。

2. 操作条件

混合气体流量：3800m³/h。

混合气体组分：甲醇 6%（体积分数），空气 94%（体积分数）。

混合气体温度：40℃。

吸收率：96%。

吸收剂温度：25℃。

操作压强：1atm。

3. 设计内容

（1）确定操作流程，绘制流程图；

（2）选择吸收剂、填料；

（3）确定吸收平衡关系，绘制 X-Y 图、进行物料衡算；

（4）计算塔径、填料层高度；

（5）填料层压降核算、喷淋密度核算；

（6）附属设备选型和计算；

（7）绘制设备图。

二、确定设计方案

甲醇吸收系统如图 4-17 所示，带控制点的流程图如图 4-18 所示。甲醇/空气混合气体由风机送入吸收塔底部，流量由自调阀控制，在填料塔内混合气体在填料空隙中向上流动，分离掉甲醇的空气由吸收塔顶部排出，吸收塔的压力由压力调节阀控制。吸收剂水由填料塔

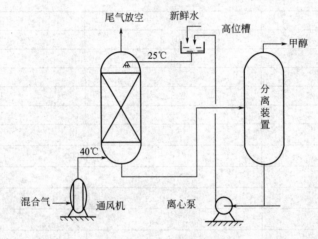

图 4-17　工艺流程简图

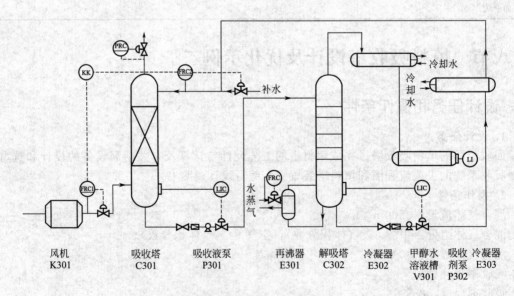

图 4-18　带控制点的流程图

顶部喷入，沿填料表面向下流动，气液两相在吸收塔内进行传质。甲醇不断溶解到吸收剂水中，从填料塔底部排出。甲醇-水溶液由吸收液泵送出，流量由塔底液位控制。甲醇-水溶液进入解吸塔底部。解吸塔是一个板式塔，塔釜由再沸器供入蒸汽，蒸汽由底部向上流动，与自上而下的甲醇-水溶液进行传质。甲醇被汽提到气相中，塔顶蒸气进入冷凝器，由冷却水冷凝。甲醇-水溶液进入甲醇-水溶液储槽。经过汽提的水由吸收剂泵送出，流量由塔釜液位控制。吸收剂循环使用是为了提高吸收效果，有利于吸收的进行，需用冷却器将液体冷却到较低温度后才能进入吸收塔顶部。为了维持系统的吸收平衡，用流量控制补充部分吸收剂，吸收剂流量和空气/甲醇混合流量采用比例调节。

三、设计及优化步骤

(一) 平衡关系

由图 4-19 可知：

$$\phi(x_n - x_{n-1}) = C_L(t_n - t_{n-1})$$

$$t_n = t_{n-1} + \frac{\phi}{C_L}(x_n - x_{n-1}) = t_{n-1} + \frac{\phi}{C_L}\Delta x$$

式中　C_L——水在塔温度 t_m =（塔顶+塔底）/2 下的比热容，kJ/(kmol·℃)；

　　　　ϕ——甲醇的微分溶解热，$\phi = 6310 + r$，kJ/kmol；

　　　　r——入塔气体温度下甲醇的冷凝潜热，kJ/kmol。

查常用物料物性数据，得吸收剂水的平均比热容 $C_L =$ 75.366kJ/(kmol·℃)。

取 $\Delta x = 0.004$，查阅相关资料得到，$T_1 = 25℃$，$T_2 = 27.287℃$，由上式计算得出 $\phi = 43091$kJ/kmol。

对低组分气体的吸收，吸收液浓度很低时，用惰性组分及物质的量浓度之比计算较方便，故上式可写为：$t_L = 25 + (43091/75.366)\Delta x$

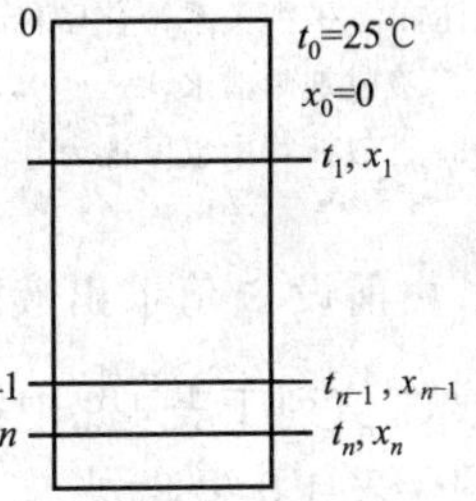

图 4-19　平衡关系简图

由此可再根据 Δx 的值计算出不同的 t 值。

亨利系数 E 的计算：

$$\lg E = 5.478 - \frac{1550}{t + 230}$$

式中，t 的单位是℃，E 的单位是 atm。

$$m = \frac{E}{p}, \quad y^* = mx$$

$$Y^* = \frac{y^*}{1 - y^*}$$

$$\left.\begin{array}{r} C_L \\ \phi \\ \Delta x \end{array}\right\} \Rightarrow t \Rightarrow E \Rightarrow m \Rightarrow y^* \Rightarrow Y^*$$

一直计算到 $y^* > y_1$ 为止。

根据任务书，即 $y^* > 0.06$。

依据上式 x 取 0，$\Delta x = 0.004$，求出相应 x 浓度下吸收液的温度 t_L，计算结果列于表 4-9。由表中数据可见，浓相浓度 x 变化 0.004 时，温度升高 2.287℃，依此求取平衡线。

表 4-9 各液相浓度下的吸收液温度及相平衡数据

x	$T/℃$	E/atm	m	$y^*/(\times 10^{-3})$	$X/(\times 10^{-3})$	$Y^*/(\times 10^{-3})$
0	25	0.251	0.251	0	0	0
0.004	27.287	0.284	0.284	1.137	4.016	1.138
0.008	29.574	0.321	0.321	2.568	8.065	2.575
0.012	31.861	0.362	0.362	4.344	12.146	4.363
0.016	34.148	0.407	0.407	6.512	16.26	6.555
0.02	36.435	0.458	0.458	9.16	20.408	9.245
0.024	38.722	0.513	0.513	12.312	24.59	12.465
0.028	41.009	0.574	0.574	16.072	28.807	16.335
0.032	43.296	0.64	0.64	20.48	33.058	20.908
0.036	45.583	0.714	0.714	25.704	37.344	26.382
0.04	47.87	0.794	0.794	31.76	41.667	32.802
0.044	50.157	0.882	0.882	38.808	46.025	40.375
0.048	52.444	0.978	0.978	46.944	50.42	49.256
0.052	54.731	1.082	1.082	56.264	54.852	59.62
0.056	57.018	1.196	1.196	66.976	59.322	71.784

注：1. 平衡关系符合亨利定律，与液相平衡的气相浓度可用 $y^*=mx$ 表示；

2. 吸收剂为清水，$x_2=0$，$X_2=0$；

3. 近似计算中也可视为等温吸收。

由前设 x 值求出液温 t_L，依上式计算相应 E 值，且 $m=\dfrac{E}{p}$，分别将相应 E 值及相平衡常数 m 值列于表 4-9 中第 3、4 列。由 $y^*=mx$ 求取对应 m 及 x 时的气相平衡浓度 y^*，结果列于表 4-9 第 5 列。

根据 X-Y^* 数据，绘制 X-Y^* 平衡曲线。

(二) 物料衡算

1. 进塔混合气中各组分的量

近似取塔平均操作压强为 101.3kPa，故：

混合气量 $=\dfrac{3800}{22.4}=169.6$ （kmol/h）

混合气中甲醇量 $=169.6\times 0.06=10.18$ kmol/h $=10.18\times 32=325.76$ （kg/h）

混合气中空气量 $=169.6-10.18=159.42$ kmol/h $=159.42\times 29=4623.18$ （kg/h）

2. 进塔气相摩尔比

$$Y_1=\frac{y_1}{1-y_1}=\frac{0.06}{1-0.06}=0.06383$$

出塔气相摩尔比为：$Y_2=Y_1(1-\eta)=0.06383\times(1-0.96)=0.00256$

进塔惰性气相流量为：$q_{n,V}=(3800/22.4)\times(1-0.06)=159.5$ （kmol/h）

该吸收过程为低浓度吸收，平衡关系为直线，最小液气比按下式计算。即

$$\left(\frac{q_{n,L}}{q_{n,V}}\right)_{min}=\frac{Y_1-Y_2}{X_1^*-X_2}\Rightarrow q_{n,L_{min}}=q_{n,V}\frac{Y_1-Y_2}{X_1^*-X_2}$$

因为是纯溶剂吸收过程，进塔液相组成 $X_2=0$，查 X-Y^* 平衡曲线，得到 $X_1^*=0.052$，所以：

$$q_{n,L_{min}}=159.5\times\frac{0.06383-0.00256}{0.052}=187.9\ (\text{kmol/h})$$

由于操作的液气比的范围为：$q_{n,L}=(1.1\sim2.0)q_{n,L_{min}}$

选择操作液气比为：$q_{n,L}=1.6q_{n,L_{min}}=1.6\times187.9=300.64\ (\text{kmol/h})$，则 $q_{m,L}=300.64\times18=5411.52\ (\text{kg/h})$

因为：
$$q_{n,V}(Y_1-Y_2)=q_{n,L}(X_1-X_2)$$

则有：
$$X_1=\frac{q_{n,V}}{q_{n,L}}(Y_1-Y_2)+X_2\ 且\ X_2=0$$

$$X_1=159.5\times\frac{0.06383-0.00256}{300.64}$$

所以：
$$X_1=0.032\qquad x_1=0.031$$

(三) 填料塔工艺尺寸计算

1. 塔径的计算

$$D=\sqrt{\frac{q_{V,V}}{\frac{\pi}{4}u}}\ ,\ u=(0.5\sim0.8)u_F$$

(1) 采用 Eckert 通用关联图法计算泛点气速 u_F

① 相关计算

塔底混合气流量 $q_{V,V}=3800\times\frac{273+40}{273}\times\frac{101.325}{101.325}=4356.8\ (\text{m}^3/\text{h})$

液相流量可近似按纯水的流量计算：$q_{m,L}=300.64\times18=5411.52\ (\text{kg/h})$

进塔混合气密度 $\rho_V=\frac{29}{22.4}\times\frac{273}{273+40}=1.13\ (\text{kg/m}^3)$（混合气浓度低，可近似视为空气密度）

吸收液密度 $\quad\rho_L=996.95\text{kg/m}^3$

吸收液黏度 $\quad\mu_L=0.8983\text{mPa}\cdot\text{s}$

经比较，选 DG 50mm 塑料鲍尔环（米字筋）。查《化工原理》教材可得，其填料因子 $\phi=124\text{m}^{-1}$，比表面积 $a_t=109\text{m}^2/\text{m}^3$。

② 关联图的横坐标值

$$\frac{q_{m,L}}{q_{m,V}}\left(\frac{\rho_V}{\rho_L}\right)^{0.5}=\frac{5411.52}{4623.18+325.76}\times\left(\frac{1.13}{996.95}\right)^{0.5}=0.037$$

③ 由图查得纵坐标值为 0.18，即

$$\frac{u_F^2\phi}{g}\left(\frac{\rho_V}{\rho_L}\right)\mu_L^{0.2}=\frac{u_F^2\times124}{9.81}\times\left(\frac{1.13}{996.95}\right)\times0.8983^2=0.0142u_F^2=0.18$$

故液泛气速 $u_F=\sqrt{\frac{0.18}{0.0142}}=3.5\ (\text{m/s})$

(2) 操作气速 $\quad u=0.7u_F=0.7\times3.5=2.45\ (\text{m/s})$

(3) 塔径 $\quad D=\sqrt{\frac{q_{V,V}}{\frac{\pi}{4}u}}=\sqrt{\frac{4356.8}{3600\times2.45\times0.785}}=0.793\ (\text{m})=793\ (\text{mm})$

取塔径为 0.7m。

（4）核算操作气速 $u = \dfrac{4356.8}{3600 \times 0.785 \times 0.7^2} = 3.15 \ (\text{m/s}) < u_F$

（5）核算径比 $D/d = 700/50 = 14$，满足鲍尔环的径比要求。

（6）填料层喷淋密度的校核   填料塔的液体喷淋密度是指单位时间、单位塔截面上液体的喷淋量。最小润湿速率是指在塔的截面上，单位长度的填料周边的最小液体体积流量。对于直径不超过 75mm 的散装填料，可取最小润湿速率 $(L_w)_{min}$ 为 $0.08 \text{m}^3/(\text{m} \cdot \text{h})$。

最小喷淋密度 $(L_{喷})_{min} = (L_w)_{min} a_t = 0.08 \times 109 = 8.72 \ [\text{m}^3/(\text{m}^2 \cdot \text{h})]$

因 $L_{喷} = \dfrac{5411.52}{996.95 \times 0.785 \times 0.7^2} = 14.11 \ [\text{m}^3/(\text{m}^2 \cdot \text{h})]$

所以满足最小喷淋密度要求。

2. 填料层高度计算

计算填料层高度，即

$$Z = \frac{q_{n,V}}{K_Y a \Omega} \int_{Y_2}^{Y_1} \frac{\text{d}Y}{Y - Y^*} = H_{OG} N_{OG}$$

（1）传质单元高度 H_{OG} 计算

$$H_{OG} = \frac{q_{n,V}}{K_Y a \Omega}，\text{其中} \ K_Y a = K_G a p$$

$$\frac{1}{K_G a} = \frac{1}{k_G a} + \frac{1}{H k_L a}$$

本设计采用恩田关联式计算，填料润湿面积 a_w 作为传质面积 a，依改进的恩田关联式分别计算液相传质系数 k_L 及 k_G，再合并为 $k_L a$ 和 $k_G a$。

① 列出各关系式中的物性数据：气体性质（以塔底 40℃、101.325kPa 空气计）：$\rho_V = 1.13 \text{kg/m}^3$（前已算出）；$\mu_V = 0.01885 \times 10^{-3} \text{Pa} \cdot \text{s}$；$D_V = 1.09 \times 10^{-5} \text{m}^2/\text{s}$。

液体性质（以塔底 25℃ 水为准）：$\rho_L = 996.95 \text{kg/m}^3$；$\mu_L = 0.8973 \times 10^{-3} \text{Pa} \cdot \text{s}$；$D_L = 1.344 \times 10^{-9} \text{m}^2/\text{s}$ [以 $D_L = \dfrac{7.4 \times 10^{-12} (\beta m_s)^{0.5} T}{\mu_L V_A^{0.6}}$ 式计算（《化学工程手册》），式中 V_A 为溶质在常压沸点下的摩尔体积，m_s 为溶剂的分子量，β 为溶剂的缔合因子]，$\sigma_L = 71.6 \times 10^{-3} \text{N/m}$。

气体与液体的质量流速：

$$L_V = \frac{5411.52}{3600 \times 0.785 \times 0.7^2} = 3.91 \ [\text{kg/(m}^2 \cdot \text{s)}]$$

$$V_V = \frac{4623.18 + 325.76}{3600 \times 0.785 \times 0.7^2} = 3.57 \ [\text{kg/(m}^2 \cdot \text{s)}]$$

DN50mm 塑料鲍尔环（乱堆）特性：$d_p = 50\text{mm} = 0.05\text{m}$；$a_t = 109 \text{m}^2/\text{m}^3$；$\sigma_c = 40 \text{dyn/cm} = 40 \times 10^{-3} \text{N/m}$；查《化学工程手册　气体吸收》有关形状系数 ψ，$\psi = 1.45$（鲍尔环为开孔环）。

② 依式

$$\frac{a_w}{a_t} = 1 - \exp \left\{ -1.45 \left(\frac{\sigma_c}{\sigma_L} \right)^{0.75} \left(\frac{L_G}{a_t \mu_L} \right)^{0.1} \left(\frac{L_G^2 a_t}{\rho_L^2 g} \right)^{-0.05} \left(\frac{L_G^2}{\rho_L \sigma_L a_t} \right)^{0.2} \right\}$$

$$= 1 - \exp(-1.45 \times 0.646 \times 1.45 \times 1.54 \times 0.29)$$

$$= 1 - \exp(-0.607)$$

$$= 1 - e^{-0.607} = 0.46$$

故 $a_w = 109 \times 0.46 = 50.1$（$m^2/m^3$）

③ 根据

$$k_L = 0.0051 \left(\frac{L_G}{a_t \mu_L}\right)^{2/3} \left(\frac{\mu_L}{\rho_L D_L}\right)^{1/3} \left(\frac{\mu_L g}{\rho_L}\right)^{1/3} (a_t d_p)^{0.4}$$

$$= 0.0051 \times 32.66 \times 8.75 \times 0.02 \times 1.06$$

$$= 0.031 \ (m/s)$$

④ 依式

$$k_G = 5.23 \left(\frac{V_G}{a_t \mu_G}\right)^{0.7} \left(\frac{\mu_G}{\rho_G D_G}\right)^{1/3} \left(\frac{a_t D_G}{RT}\right)(a_t d_p)$$

$$= 5.23 \times 185.3 \times 1.15 \times 4.46 \times 10^{-7} \times 1.17$$

$$= 5.82 \times 10^{-4} \ kmol/(m^2 \cdot s \cdot kPa)$$

故

$$k_L a = k_L a_w = 0.031 \times 50.1 = 1.5 \ (m/s)$$

$$k_G a = k_G a_w = 5.82 \times 10^{-4} \times 50.1 = 0.029 \ [kmol/(m^2 \cdot s \cdot kPa)]$$

计算 $K_Y a$：

$K_Y a = K_G ap$，而 $\dfrac{1}{K_G a} = \dfrac{1}{k_G a} + \dfrac{1}{H k_L a}$，$H = \dfrac{\rho_L}{EM_S}$。由于在操作范围内，随液相组成和温度 t_L 的增加，$E(H)$ 也相应变化。

$$E = 2.54 \times 10^2 kPa, \quad H = \frac{\rho_L}{EM_S} = \frac{996.95}{2.54 \times 10^2 \times 18} = 0.218 \ [kmol/(m^3 \cdot kPa)]$$

$$\frac{1}{K_G a} = \frac{1}{0.029} + \frac{1}{0.218 \times 1.5} = 37.5$$

$$K_G a = \frac{1}{37.5} = 2.7 \times 10^{-2} [kmol/(m^3 \cdot s \cdot kPa)]$$

$$K_Y a = K_G ap = 2.7 \times 10^{-2} \times 101.325 = 2.7 \ [kmol/(m^3 \cdot s)]$$

（2）传质单元数 N_{OG} 计算

$$N_{OG} = \frac{\overline{Y}_1 - \overline{Y}_2}{\Delta Y_m}$$

$$\Delta Y_m = \frac{(Y_1 - Y_1^*) - (Y_2 - Y_2^*)}{\ln \dfrac{Y_1 - Y_1^*}{Y_2 - Y_2^*}}$$

$$Y_1 - Y_1^* = Y_1 - mx_1 = 0.06383 - 0.031 \times 0.251 = 0.056$$

$$Y_2 - Y_2^* = Y_2 - mx_2 = 0.00256 - 0 = 0.00256$$

$$\Delta Y_{m(I)} = \frac{0.056 - 0.00256}{\ln \dfrac{0.056}{0.00256}} = 0.0173$$

$$N_{OG}(I) = \frac{0.06383 - 0.00256}{0.0173} = 3.54m$$

（3）填料层高度计算

计算 H_{OG}

$$H_{OG} = \frac{q_{n,V}}{K_Y a \Omega} = \frac{159.5}{3600 \times 2.7 \times 0.785 \times 0.7^2} = 0.04m$$

填料层高度 Z 计算

$$Z = H_{OG} \times N_{OG} = 0.04 \times 3.54 = 0.14\text{m}$$

则完成本设计任务需 DG50mm 塑料鲍尔环的填料层高度 Z=1.0m，此时选择填料层高度为 1m<6m，故不需要分段。

3. 填料层压降的计算

取 Eckert 通用压降关联图，用操作气速 u'（u'=3.15m/s）代替纵坐标中的 u_F 查表，DG50mm 塑料鲍尔环的压降填料因子 ϕ=125 代替纵坐标中的湿填料因子 ϕ_p。

则纵标值为：

$$\frac{u^2\phi\psi}{g} \times \frac{\rho_V}{\rho_L} \times \mu_L^{0.2} = 0.11$$

横坐标为：

$$\frac{q_{m,L}}{q_{m,V}}\left(\frac{\rho_V}{\rho_L}\right)^{0.5} = 0.037$$

根据以上两数值在埃克特图中的点确定塔的操作点，查图即得，每米填料层的压强降约为 900Pa。

(四) 填料塔部分内件的选型和计算

1. 支撑装置

(1) 支撑装置分为两类：气液逆流通过平板型支撑板，板上有筛孔或栅板；气体喷射型，分为圆柱升气管式的气体喷射型支撑板和梁式气体喷射型支撑板。

(2) 填料压板和床层限制板　在填料顶部设置压板和床层限制板，有栅条式和丝网式。

(3) 气体进出口装置和排液装置　填料塔的气体进口既要防止液体倒灌，又要有利于气体的均匀分布。对 500mm 直径以下的小塔，可使进气管伸到塔中心位置，管端切成 45°向下斜口或切成向下切口，使气流折转向上。对 1.5m 以下直径的塔，管的末端可制成下弯的锥形扩大器。气体出口既要保证气流畅通，又要尽量除去夹带的液沫。最简单的装置是除沫挡板（折板）或填料式、丝网式除雾器。

液体出口装置既要使塔底液体顺利排出，又能防止塔内与塔外气体串通，常压吸收塔可采用液封装置。

注：塔径及液体负荷不大，可采用较简单的栅板型支撑板及压板。其他塔附件及气液出口装置的计算与选择此处从略。

2. 分布装置

(1) 液体分布器设计的基本要求：液体分布均匀、操作弹性大、自由截面积大等。

(2) 液体分布器布液能力的计算：重力型液体分布器及压力型液体分布器布液能力计算。

注：本设计任务液相负荷不大，可选用排管式液体分布器；且填料层不高，可不设液体再分布器。另外，由于填料塔高度较小（不到 6m），可不用液体再分布器。

3. 进出口管的计算（填料塔接管尺寸计算）

为防止流速过大引起管道冲蚀、磨损、震动和噪声，液体流速一般为 0.5~3m/s，气体流速一般为 10~30m/s。由于该填料塔吸收在低浓度下进行，故气、液体进出口的管径相同。

甲醇与空气混合气体，由于进口气体流量为 3800m³/h，取 u=20m³/s。

由公式

$$D = \sqrt{\frac{q_{\mathrm{V,V}}}{\frac{\pi}{4}u}} = \sqrt{\frac{4356.8/3600}{0.785 \times 20}} = 0.28 \ (\mathrm{m}) = 280 \ (\mathrm{mm})$$

因此进出管的规格为 $\phi 280\mathrm{mm} \times 10\mathrm{mm}$。

表 4-10 列出了填料吸收塔设计及优化一览表。

表 4-10　填料吸收塔设计及优化一览表

设计名称	回收甲醇的填料吸收塔			
操作压强/atm[①]	1			
填料数据				

种　类	填料尺寸/mm	泛点填料因子	压降填料因子 /m^{-1}	空隙率	比表面积 /$(\mathrm{m}^2/\mathrm{m}^3)$
塑料鲍尔环	$50 \times 50 \times 0.6$	124	94	0.96	109

物性数据			
液相		气相	
液体密度/$(\mathrm{kg}/\mathrm{m}^3)$	996.95	混合气体的平均密度/$(\mathrm{kg}/\mathrm{m}^3)$	1.13
液体黏度/$(\mathrm{mPa \cdot s})$	0.8983	混合气体的黏度/$(\mathrm{mPa \cdot s})$	0.01885
液体表面张力/(N/m)	71.6×10^{-3}	混合气体平均摩尔质量/$(\mathrm{g/mol})$	29
扩散系数/$(\mathrm{m}^2/\mathrm{s})$	1.344×10^{-9}	扩散系数/$(\mathrm{m}^2/\mathrm{s})$	1.09×10^{-5}

物料衡算数据							
Y_1	Y_2	X_1	X_2	气相流量 /$(\mathrm{kg/h})$	液相流量 /$(\mathrm{kg/h})$	最小液气比	操作液气比
0.06383	0.00256	0.032	0	4948.94	5411.52	1.1	1.6

工艺数据						
填料类型	塔速 /$(\mathrm{m/s})$	塔径/m	气相总传质 单元数	气相总传质 单元高度/m	填料层 高度/m	填料层压降 /Pa
塑料鲍尔环	2.8	0.7	3.54	0.04	1	900

填料塔附件	
气体进口管径	$\phi 280\mathrm{mm} \times 10\mathrm{mm}$

① 1atm=101325Pa。

主要符号说明

英文字母

a——单位体积填料层内气液两相有效接触面积，$\mathrm{m}^2/\mathrm{m}^3$；

a_{t}——单位体积填料的总接触面积，$\mathrm{m}^2/\mathrm{m}^3$；

a_{w}——单位体积填料的润湿接触面积，$\mathrm{m}^2/\mathrm{m}^3$；

d——填料公称直径，m；

d_0——筛孔直径，m；

D——塔径，m；

D_{L}——液体扩散系数，m^2/s；

D_{V}——气体扩散系数，m^2/s；

E——亨利系数，kPa；

h——填料层分段高度，m；

H——泵在输送条件下的扬程，m；溶解度系数，$\mathrm{kmol}/(\mathrm{m}^3 \cdot \mathrm{kPa})$；

H_{OG}——气相总传质单元高度，m；

H_{OL}——液相总传质单元高度，m；

K_{G}——气膜吸收系数，$\mathrm{kmol}/(\mathrm{m}^2 \cdot \mathrm{h} \cdot \mathrm{kPa})$；

K_{L}——液膜吸收系数，m/h；

K——稳定系数，无量纲；

L_h —— 液体体积流量，m³/h；

L_w —— 润湿速率，m³/(m·h)；

m —— 相平衡常数，无量纲；

$M_{V,m}$ —— 混合气体的平均摩尔质量，kmol/kg；

n —— 筛孔数目（分布点数目）；

N —— 轴功率，W；

N_e —— 有效功率，W；

N_{OG} —— 气相总传质单元数；

N_{OL} —— 液相总传质单元数；

p —— 操作压力，Pa；

$p_标$ —— 标准状况下的压力，Pa；

Δp —— 压力降，Pa；

$q_{m,V}$ —— 气体的质量流量，kg·s；

$q_{m,L}$ —— 液体的质量流量，kg·s；

$q_{n,V}$ —— 单位时间混合气体组分的摩尔流量，kmol/s；

$q_{n,L}$ —— 单位时间纯溶剂的摩尔流量，kmol/s；

Q —— 泵在输送条件下的流量，m³/s；；

R —— 通用气体常数，标准状况下 $R = 8.314$J/(kmol·K)；

S —— 洗脱因数；

T —— 温度，K；

$T_标$ —— 标准状况下的温度，K；

u —— 空塔气速，m/s；

u_F —— 泛点气速，m/s；

X —— 液体溶质摩尔比；

y —— 气相摩尔分数；

Y —— 气体溶质摩尔比；

Z —— 填料层高度，m；

希腊字母

ε —— 空隙率；

η —— 吸收率；

μ_L —— 液体的黏度，mPa·s；

μ_V —— 混合气体的黏度，Pa·s；

$\rho_{V,m}$ —— 混合气体的平均密度，kg/m³；

ϕ —— 湿填料因子，m⁻¹；

ϕ_L —— 液体的表面张力，N/m；

ϕ_c —— 填料材质的临界表面张力，N/m；

Φ —— 填料因子，m⁻¹；

ψ —— 液体密度校正系数或填料形状系数；

Ω —— 塔的截面积，m²。

下标

max —— 最大的；

min —— 最小的；

L —— 液相；

V —— 气相。

参 考 文 献

[1] 贾绍义，柴诚敬. 化工原理课程设计. 天津：天津大学出版社，2002.

[2] 蒋丽芬. 化工原理. 北京：高等教育出版社，2007.

[3] 王树楹. 现代填料塔技术指南. 北京：中国石化出版社，1997.

[4] 潘国昌，郭庆丰. 化工设备设计. 北京：清华大学出版社，1996.

[5] 马江权，冷一欣. 化工原理课程设计. 北京：中国石化出版社，2011.

[6] 申迎华，郭晓刚. 化工原理课程设计. 北京：化学工业出版社，2009.

[7] ［加］George Wypych. 填料手册. 第 2 版. 程斌，于运花，黄玉强译. 北京：中国石化出版社，2002.

[8] 大连理工化工原理教研室. 化工原理课程设计. 大连：大连理工大学出版社，1994.

附　录

附录一　法定计量单位及单位换算

1. 法定基本单位

量的名称	单位名称	单位符号	量的名称	单位名称	单位符号
长度	米	m	热力学温度	开尔文	K
质量	千克(公斤)	kg	物质的量	摩尔	mol
时间	秒	s	发光强度	坎德拉	cd
电流	安培	A			

2. 常用物理量及单位

量的名称	量的符号	单位符号	量的名称	量的符号	单位符号
质量	m	kg	黏度	μ	Pa・s
力(重量)	F	N	功、能、热	$W、E、Q$	J
压强(压力)	p	Pa	功率	P	W
密度	ρ	kg/m^3			

3. 基本常数与单位

名　　称	符　号	数　值
重力加速度(标)	g	$9.80665 m/s^2$
玻耳兹曼常数	k	$1.38022 \times 10^{-23} J/K$
摩尔气体常数	R	$8.314 J/(mol \cdot K)$
理想气体在标准状态下的摩尔体积	V_m	$22.4136 m^3/kmol$
阿伏伽德罗常数	N_A	$6.022045 \times 10^{23} mol^{-1}$
斯蒂芬-玻耳兹曼常数	σ	$5.669 \times 10^{-8} W/(m^2 \cdot K^4)$
光速(真空中)	c	$2.99792 \times 10^8 m/s$

4. 单位换算

（1）质量

千克 (kg)	吨 (t)	磅 (lb)
1000	1	2204.62
0.4536	4.536×10^{-4}	1

（2）长度

米 (m)	英寸 (in)	英尺 (ft)	码 (yd)
0.3048	12	1	0.33333
0.9144	36	3	1

（3）面积

米^2 (m^2)	厘米^2 (cm^2)	英寸^2 (in^2)	英尺^2 (ft^2)
6.4516×0^{-4}	6.4516	1	0.006944
0.092903	929.030	144	1

注：1 公里^2＝100 公顷＝10000 公亩＝10^6 米^2。

（4）容积

米^3 (m^3)	升 (L)	英尺^3 (ft^3)	英加仑 (UKgal)	美加仑 (US gal)
0.02832	28.32	1	6.2288	7.48048
0.004546	4.546	0.16054	1	1.20095
0.003785	3.785	0.13368	0.8327	1

（5）流量

米^3/秒 (m^3/s)	升/秒 (L/s)	米^3/时 (m^3/h)	美加仑/分 (US gal/min)	英尺^3/小时 (ft^3/h)	英尺^3/秒 (ft^3/s)
6.309×10^{-5}	0.06309	0.2271	1	8.021	0.002228
7.866×10^{-6}	7.866×10^{-3}	0.02832	0.12468	1	2.788×10^{-4}
0.02832	28.32	101.94	448.8	3600	1

（6）力（重量）

牛顿 (N)	公斤 (kgf)	磅 (lb)	达因 (dyn)	磅达 (pdl)
1	0.102	0.2248	1×10^5	7.233
9.80665	1	2.2046	9.80665×10^5	70.93
4.448	0.4536	1	4.448×10^5	32.17

（7）密度

千克/米^3 (kg/m^3)	克/厘米^3 (g/cm^3)	磅/英尺^3 (lbf/ft^3)	磅/加仑 (lbf/USgal)
16.02	0.01602	1	0.1337
119.8	0.1198	7.481	1

（8）压强

帕 (Pa)	巴① (bar)	公斤(力)/厘米²② (kgf/cm²)	磅/英寸² (lbf/in²)	标准大气压 (atm)	水银柱		水柱	
					毫米③ (mm)	英寸 (in)	米 (m)	英寸 (in)
10^5	1	1.0197	14.50	0.9869	750.0	29.53	10.197	401.5
9.807×10^4	0.9807	1	14.22	0.9678	735.5	28.96	10.01	394.0
6895	0.06895	0.07031	1	0.06804	51.71	2.036	0.7037	27.70
1.0133×10^5	1.0133	1.0332	14.7	1	760	29.92	10.34	407.2
1.333×10^5	1.333	1.360	19.34	1.316	1000	39.37	13.61	535.67
3.386×10^5	0.03386	0.03453	0.4912	0.03342	25.40	1	0.3456	13.61
9798	0.09798	0.09991	1.421	0.09670	73.49	2.893	1	39.37
248.9	0.002489	0.002538	0.03609	0.002456	1.867	0.07349	0.0254	1

① 有时巴亦指 1 达因/厘米²，即相当于表中值×10^{-6}（亦称巴利）。

② 1 公斤(力)/厘米²=98066.5 牛顿/米²。

③ 毫米水银柱亦称托（Torr）。

（9）动力黏度（通称黏度）

帕·秒 (Pa·s)	泊 (P)	厘泊 (cP)	千克/(米·秒) [kg/(m·s)]	千克/(米·时) [kg/(m·h)]	磅/(英尺·秒) [lbf/(ft·s)]	公斤(力)·秒/米² (kgf·s/m²)
0.1	1	100	0.1	360	0.06720	0.0102
10^{-3}	0.01	1	0.001	3.6	6.720×10^{-4}	0.102×10^{-3}
1	10	1000	1	3600	0.6720	0.102
2.778×10^{-4}	2.778×10^{-3}	0.2778	2.778×10^{-4}	1	1.8667×10^{-4}	0.283×10^{-4}
1.4881	14.881	1488.1	1.4881	5357	1	0.1519
9.81	98.1	9810	9.81	0.353×10^5	6.59	1

（10）运动黏度

米²/秒 (m²/s)	[�]（斯托克）厘米²/秒 (cm²/s)	米²/时 (m²/h)	英尺²/秒 (ft²/s)	英尺²/时 (ft²/h)
10^{-4}	1	0.360	1.076×10^{-3}	3.875
2.778×10^{-4}	2.778	1	2.990×10^{-3}	10.76
9.29×10^{-2}	929.0	334.5	1	3600
0.2581×10^{-4}	0.2581	0.0929	2.778×10^{-4}	1

注：1 厘泊=0.01 泊。

（11）能量（功）

焦 (J)	公斤(力)·米 (kgf·m)	千瓦·时 (kW·h)	马力·时	千卡 (kcal)	英热单位 (Btu)	英尺·磅 (ft·lbf)
9.8067	1	2.724×10^{-6}	3.653×10^{-6}	2.342×10^{-3}	9.296×10^{-3}	7.233
3.6×10^6	3.671×10^5	1	1.3410	860.0	3413	2.655×10^6
2.685×10^6	273.8×10^3	0.7457	1	641.33	2544	1.981×10^6
4.1868×10^3	426.9	1.1622×10^{-3}	1.5576×10^{-3}	1	3.968	3087
1.055×10^3	107.58	2.930×10^{-4}	3.926×10^{-4}	0.2520	1	778.1
1.3558	0.1383	0.3766×10^{-6}	0.5051×10^{-6}	3.239×10^{-4}	1.285×10^{-3}	1

注：1 尔格=1 达因·厘米=10^{-7}焦。

（12）功率

瓦 (W)	千瓦 (kW)	公斤(力)·米/秒 (kgf·m/s)	英尺·磅/秒 (ft·lbf/s)	马力	千卡/秒 (kcal/s)	英热单位/秒 (Btu/s)
10^3	1	101.97	735.56	1.3410	0.2389	0.9486
9.8067	0.0098067	1	7.23314	0.01315	0.002342	0.009293
1.3558	0.0013558	0.13825	1	0.0018182	0.0003289	0.0012851
745.69	0.74569	76.0375	550	1	0.17803	0.70675
4186	4.1860	426.85	3087.44	5.6135	1	3.9683
1055	1.0550	107.58	778.168	1.4148	0.251996	1

(13) 比热容

焦/(克·℃) [J/(g·℃)]	千卡/(公斤·℃) [kcal/(kg·℃)]	英热单位/(磅·F) [Btu/(lb·F)]
1	0.2389	0.2389
4.186	1	1

(14) 热导率

瓦/(米·开) [W/(m·K)]	焦/(厘米·秒·℃) [J/(cm·s·℃)]	卡/(厘米·秒·℃) [cal/cm·s·℃]	千卡/(米·时·℃) [kcal/(m·h·℃)]	英热单位/(英尺·时·F) [Btu/(ft·h·F)]
10^2	1	0.2389	86.00	57.79
418.6	4.186	1	360	241.9
1.163	0.1163	0.002778	1	0.6720
1.73	0.01730	0.004134	1.488	1

(15) 传热系数

瓦/米²·开 [W/(m²·K)]	千卡/(米²·时·℃) [kcal/(m²·h·℃)]	卡/(厘米²·秒·℃) [cal/(cm²·s·℃)]	英热单位/(英尺²·时·F) [Btu/(ft²·h·F)]
1.163	1	$2.778×10^{-5}$	0.2048
$4.186×10^4$	$3.6×10^4$	1	7374
5.678	4.882	$1.3562×10^{-4}$	1

(16) 分子扩散系数

米²/秒 (m²/s)	厘米²/秒 (cm²/s)	英尺²/小时 (ft²/h)	英寸²/秒 (in²/s)
10^{-4}	1	3.875	0.1550
$2.778×10^{-4}$	2.778	10.764	0.4306
$0.2581×10^{-4}$	0.2581	1	0.040
$6.452×10^{-4}$	6.452	25.000	1

(17) 表面张力

牛/米 (N/m)	达因/厘米 (dyn/cm)	克/厘米 (g/cm)	公斤(力)/米 (kgf/m)	磅/英尺 (lbf/ft)
10^{-3}	1	0.001020	$1.020×10^{-4}$	$6.854×10^{-5}$
0.9807	980.7	1	0.1	0.06720
9.807	9807	10	1	0.6720
14.592	14592	14.88	1.488	1

附录二 常用数据表

1. 水的物理性质

温度 t /℃	压力 p /10^5Pa	密度 ρ /(kg/m³)	焓 H /(J/kg)	比热容 c_p/[kJ/ (kg·K)]	热导率 λ/[10^{-2} W/(m·K)]	导温系数 a/(10^{-7} m²/s)	黏度 μ/10^{-5} Pa·s	运动黏度 ν/(10^{-6} m²/s)	体积膨胀系数 β/10^{-4} K⁻¹	表面张力 σ/(mN /m²)	普朗特数 Pr
0	1.01	999.9	0	4.212	55.08	1.31	178.78	1.789	−0.63	75.61	13.67
10	1.01	999.7	42.04	4.191	57.41	1.37	130.53	1.306	0.70	74.14	9.52
20	1.01	998.2	83.90	4.183	59.85	1.43	100.42	1.006	1.82	72.67	7.02
30	1.01	995.7	125.69	4.174	61.71	1.49	80.12	0.805	3.21	71.20	5.42
40	1.01	992.2	165.71	4.174	63.33	1.53	65.32	0.659	3.87	69.63	4.31
50	1.01	988.1	209.30	4.174	64.73	1.57	54.92	0.556	4.49	67.67	3.54

温度 t /℃	压力 p /10^5Pa	密度 ρ /(kg/m³)	焓 H /(J/kg)	比热容 c_p/[kJ/ (kg·K)]	热导率 λ/[10^{-2} W/(m·K)]	导温系数 a/(10^{-7} m²/s)	黏度 μ/10^{-5} Pa·s	运动黏度 ν/(10^{-6} m²/s)	体积膨胀系数 β/10^{-4} K⁻¹	表面张力 σ/(mN /m²)	普朗特数 Pr
60	1.01	983.2	211.12	4.178	65.89	1.61	46.98	0.478	5.11	66.20	2.98
70	1.01	977.8	292.99	7.167	66.70	1.63	40.06	0.415	5.70	64.33	2.55
80	1.01	971.8	334.94	4.195	67.40	1.66	35.50	0.365	6.32	62.57	2.21
90	1.01	965.3	376.98	4.208	67.98	1.68	31.48	0.326	6.95	60.71	1.95
100	1.01	958.4	419.19	4.220	68.21	1.69	28.24	0.295	7.52	58.84	1.75
110	1.43	951.0	461.34	4.233	68.44	1.70	25.89	0.272	8.08	56.88	1.60
120	1.99	943.1	503.67	4.250	68.56	1.71	23.73	0.252	8.64	54.82	1.47
130	2.70	934.8	546.38	4.266	68.56	1.72	21.77	0.233	9.17	52.86	1.36
140	3.62	926.1	589.08	4.287	68.44	1.73	20.10	0.217	9.72	50.70	1.26
150	4.76	917.0	632.20	4.312	68.33	1.73	18.63	0.203	10.3	48.64	1.17
160	6.18	907.4	675.33	4.346	68.21	1.73	17.36	0.191	10.7	46.58	1.10
170	7.92	897.3	719.29	4.379	67.86	1.73	16.28	0.181	11.3	44.33	1.05
180	10.03	886.9	763.25	4.417	67.40	1.72	15.30	0.173	11.9	42.27	1.00

2. 水在不同温度下的黏度

温度 /℃	黏度 /(mPa·s)	温度 /℃	黏度 /(mPa·s)	温度 /℃	黏度 /(mPa·s)
0	1.7921	33	0.7523	67	0.4223
1	1.7313	34	0.7371	68	0.4174
2	1.6728	35	0.7225	69	0.4117
3	1.6191	36	0.7085	70	0.4061
4	1.5674	37	0.6947	71	0.4006
5	1.5188	38	0.6814	72	0.3952
6	1.4728	39	0.6685	73	0.3900
7	1.4284	40	0.6560	74	0.3849
8	1.3860	41	0.6439	75	0.3799
9	1.3462	42	0.6321	76	0.3750
10	1.3077	43	0.6207	77	0.3702
11	1.2713	44	0.6097	78	0.3655
12	1.2363	45	0.5988	79	0.3610
13	1.2028	46	0.5883	80	0.3565
14	1.1709	47	0.5782	81	0.3521
15	1.1403	48	0.5693	82	0.3478
16	1.1110	49	0.5588	83	0.3436
17	1.0828	50	0.5494	84	0.3395
18	1.0559	51	0.5404	85	0.3355
19	1.0299	52	0.5315	86	0.3315
20	1.0050	53	0.5229	87	0.3276
20.2	1.0000	54	0.5146	88	0.3239
21	0.9810	55	0.5064	89	0.3202
22	0.9579	56	0.4985	90	0.3165
23	0.9359	57	0.4907	91	0.3130
24	0.9142	58	0.4832	92	0.3095
25	0.8973	59	0.4759	93	0.3060
26	0.8737	60	0.4688	94	0.3027
27	0.8545	61	0.4618	95	0.2994
28	0.8360	62	0.4550	96	0.2962
29	0.8180	63	0.4463	97	0.2930
30	0.8007	64	0.4418	98	0.2899
31	0.7840	65	0.4355	99	0.2868
32	0.7679	66	0.4293	100	0.2838

3. 干空气的物理性质（$p=0.101\text{MPa}$）

温度 t /℃	密度 ρ /(kg/m³)	比热容 $c_p \times 10^{-3}$ /[J/(kg·K)]	热导率 $\lambda \times 10^3$ /[W/(m·K)]	导温系数 $a \times 10^5$ /(m²/s)	黏度 $\mu \times 10^5$ /(Pa·s)	运动黏度 $\nu \times 10^5$ /(m²/s)	普朗特数 Pr
−50	1.584	1.013	2.304	1.27	1.46	9.23	0.728
−40	1.515	1.013	2.115	1.38	1.52	10.04	0.728
−30	1.453	1.013	2.196	1.49	1.57	10.80	0.723
−20	1.395	1.009	2.278	1.62	1.62	11.60	0.716
−10	1.342	1.009	2.359	1.74	1.67	12.43	0.712
0	1.293	1.005	2.440	1.88	1.72	13.28	0.707
10	1.247	1.005	2.510	2.01	1.77	14.16	0.705
20	1.205	1.005	2.591	2.14	1.81	15.06	0.703
30	1.165	1.005	2.673	2.29	1.85	16.00	0.701
40	1.128	1.005	2.754	2.43	1.91	16.96	0.699
50	1.093	1.005	2.824	2.57	1.96	17.95	0.698
60	1.060	1.005	2.893	2.72	2.01	18.97	0.696
70	1.029	1.009	2.963	2.86	2.06	20.02	0.694
80	1.000	1.009	3.044	3.02	2.11	21.09	0.692
90	0.972	1.009	3.126	3.19	2.15	22.10	0.690
100	0.946	1.009	3.207	3.36	2.19	23.13	0.688
120	0.898	1.009	3.335	3.68	2.29	25.45	0.686
140	0.854	1.013	3.186	4.03	2.37	27.80	0.684
160	0.815	1.017	3.637	4.39	2.45	30.09	0.682
180	0.779	1.022	3.777	4.75	2.53	32.49	0.681
200	0.746	1.026	3.928	5.14	2.60	34.85	0.680
250	0.674	1.038	4.625	6.10	2.74	40.61	0.677
300	0.615	1.047	4.602	7.16	2.97	48.33	0.674
350	0.556	1.059	4.904	8.19	3.14	55.46	0.676
400	0.524	1.068	5.206	9.31	3.31	63.09	0.678
500	0.456	1.093	5.740	11.53	3.62	79.38	0.687
600	0.404	1.114	6.217	13.83	3.91	96.89	0.699
700	0.362	1.135	6.700	16.34	4.18	115.4	0.706
800	0.329	1.156	7.170	18.88	4.43	134.8	0.713
900	0.301	1.172	7.623	21.62	4.67	155.1	0.717
1000	0.277	1.185	8.064	24.59	4.90	177.1	0.719
1100	0.257	1.197	8.494	27.63	5.12	199.3	0.722
1200	0.239	1.210	9.145	31.65	5.35	233.7	0.724

4. 饱和水蒸气表（以温度为准）

温度 t /℃	压强 p /(kgf/cm²)	蒸气的比热容 c_p /(m³/kg)	蒸气的密度 ρ /(kg/m³)	焓 H/(kJ/kg) 液体	焓 H/(kJ/kg) 蒸气	汽化热 r /(kJ/kg)
0	0.0062	206.5	0.00484	0	2491.3	2491.3
5	0.0089	147.1	0.00680	20.94	2500.9	2480.0
10	0.0125	106.4	0.00940	41.87	2510.5	2468.6
15	0.0174	77.9	0.01283	62.81	2520.6	2457.8
20	0.0238	57.8	0.01719	83.74	2530.1	2446.3
25	0.0323	43.40	0.02304	104.68	2538.6	2433.9
30	0.0433	32.93	0.03036	125.60	2549.5	2423.7
35	0.0573	25.25	0.03960	146.55	2559.1	2412.6
40	0.0752	19.55	0.05114	167.47	2568.7	2401.1
45	0.0997	15.28	0.06543	188.42	2577.9	2389.5

温度 t /℃	压强 p /(kgf/cm²)	蒸气的比热容 c_p /(m³/kg)	蒸气的密度 ρ /(kg/m³)	焓 H/(kJ/kg)		汽化热 r /(kJ/kg)
				液体	蒸气	
50	0.1258	12.054	0.0830	209.34	2587.6	2378.1
55	0.1605	9.589	0.1043	230.29	2596.8	2366.5
60	0.2031	7.687	0.1301	251.21	2606.3	2355.1
65	0.2550	6.209	0.1611	272.16	2615.6	2343.4
70	0.3177	5.052	0.1979	293.08	2624.4	2331.2
75	0.393	4.139	0.2416	314.03	2629.7	2315.7
80	0.483	3.414	0.2929	334.94	2642.4	2307.3
85	0.590	2.832	0.3531	355.90	2651.2	2295.3
90	0.715	2.365	0.4229	376.81	2660.0	2283.1
95	0.862	1.985	0.5039	397.77	2668.8	2271.0
100	1.033	1.675	0.5970	418.68	2677.2	2258.4
105	1.232	1.421	0.7036	439.64	2685.1	2245.5
110	1.461	1.212	0.8254	460.97	2693.5	2232.4
115	1.724	1.038	0.9635	481.51	2702.5	2221.0
120	2.025	0.893	1.1199	503.67	2708.9	2205.2
125	2.367	0.7715	1.296	523.38	2716.5	2193.1
130	2.755	0.6693	1.494	546.38	2723.9	2177.6
135	3.192	0.5831	1.715	565.25	2731.2	2166.0
140	3.685	0.5096	1.962	589.08	2737.8	2148.7
145	4.238	0.4469	2.238	607.12	2744.6	2137.5
150	4.855	0.3933	2.543	632.21	2750.7	2118.5
160	6.303	0.3075	3.252	675.75	2762.9	2087.1
170	8.080	0.2431	4.113	719.29	2773.3	2054.0
180	10.23	0.1944	5.145	763.25	2782.6	2019.3

5. 饱和水蒸气表（以压强为准）

压强 p /Pa	温度 t /℃	蒸气的比热容 c_p /(m³/kg)	蒸气的密度 ρ /(kg/m³)	焓 H/(kJ/kg)		汽化热 r /(kJ/kg)
				液体	蒸气	
1000	6.3	129.37	0.00773	26.48	2503.1	2476.8
1500	12.5	88.26	0.01133	52.26	2515.3	2463.0
2000	17.0	67.29	0.01486	71.21	2524.2	2452.9
2500	20.9	54.47	0.01836	87.45	2531.8	2444.3
3000	23.5	45.52	0.02179	98.38	2536.8	2438.4
3500	26.1	39.45	0.02523	109.30	2541.8	2432.5
4000	28.7	34.88	0.02867	120.23	2546.8	2426.6
4500	30.8	33.06	0.03205	129.00	2550.9	2421.9
5000	32.4	28.27	0.03537	135.69	2554.0	2418.3
6000	35.6	23.81	0.04200	149.06	2560.1	2411.0
7000	38.8	20.56	0.04864	162.44	2566.3	2403.8
8000	41.3	18.13	0.05514	172.73	2571.0	2398.2
9000	43.3	16.24	0.06156	181.16	2574.8	2393.6
1×10^4	45.3	14.71	0.06798	189.59	2578.5	2388.9
1.5×10^4	53.3	10.04	0.09956	224.03	2594.0	2370.0
2×10^4	60.1	7.65	0.13068	251.51	2606.4	2354.9
3×10^4	66.5	5.24	0.19093	288.77	2622.4	2333.7
4×10^4	75.0	4.00	0.24975	315.93	2634.4	2312.2
5×10^4	81.2	3.25	0.30799	339.80	2644.3	2304.5
6×10^4	85.6	2.74	0.36514	358.21	2652.1	2293.9

压强 p /Pa	温度 t /℃	蒸气的比热容 c_p /(m³/kg)	蒸气的密度 ρ /(kg/m³)	焓 H/(kJ/kg)		汽化热 r /(kJ/kg)
				液体	蒸气	
7×10^4	89.9	2.37	0.42229	376.61	2659.8	2283.2
8×10^4	93.2	2.09	0.47807	390.08	2665.3	2275.3
9×10^4	96.4	1.87	0.53384	403.49	2670.8	2267.4
1×10^5	99.6	1.70	0.58961	416.90	2676.3	2259.5
1.2×10^5	104.5	1.43	0.69868	437.51	2684.3	2246.8
1.4×10^5	109.2	1.24	0.80758	560.38	2692.1	2234.4
1.6×10^5	113.0	1.21	0.82981	583.76	2698.1	2224.2
1.8×10^5	116.6	0.988	1.0209	603.61	2703.7	2214.3
2×10^5	120.2	0.887	1.1273	622.42	2709.2	2204.6
2.5×10^5	127.2	0.719	1.3904	639.59	2719.7	2185.4
3×10^5	133.3	0.606	1.6501	560.38	2728.5	2168.1
3.5×10^5	138.8	0.524	1.9074	583.76	2736.1	2152.3
4×10^5	143.4	0.463	2.1618	603.61	2742.1	2138.5
4.5×10^5	147.7	0.414	2.4152	622.42	2747.8	2125.4
5×10^5	151.7	0.375	2.6673	639.59	2752.8	2113.2
6×10^5	158.7	0.316	3.1686	670.22	2761.4	2091.1
7×10^5	164.7	0.273	3.6657	696.27	2767.8	2071.5
8×10^5	170.4	0.240	4.1614	720.96	2737.7	2052.7
9×10^5	175.1	0.215	4.6525	741.82	2778.1	2036.2
10×10^5	179.9	0.194	5.1432	762.68	2782.5	2019.7

附录三　常见气体、液体和固体的重要物理性质

1. 常见气体的重要物理性质（$p=0.101\text{MPa}$）

名称	分子式	密度 /(kg/m³)	定压比热容 /[kJ/(kg·K)]	黏度 /(10⁻⁵Pa·s)	沸点 /℃	汽化潜热 /(kJ/kg)	热导率 /[W/(m·K)]
空气	—	1.293	1.009	1.73	−195	197	0.0244
氧气	O_2	1.429	0.653	2.03	−132.98	213	0.0240
氮气	N_2	1.251	0.745	1.70	−195.78	199.2	0.0228
氢气	H_2	0.0899	10.13	0.842	−252.75	454.2	0.163
氦气	He	0.1785	3.18	1.88	−268.95	19.5	0.144
氩气	Ar	1.7820	0.322	2.09	−185.87	163	0.0173
氯气	Cl_2	3.217	0.355	1.29	−33.8	305	0.0072
氨气	NH_3	0.711	0.67	0.918	−33.4	1373	0.0215
一氧化碳	CO	1.250	0.754	1.66	−191.48	211	0.0226
二氧化碳	CO_2	1.976	0.653	1.37	−78.2	574	0.0137
二氧化硫	SO_2	2.927	0.502	1.17	−10.8	394	0.0077
二氧化氮	NO_2		0.615	—	21.2	712	0.0400
硫化氢	H_2S	1.539	0.804	1.166	−60.2	548	0.0131
甲烷	CH_4	0.717	1.70	1.03	−161.58	511	0.0300
乙烷	C_2H_6	1.357	1.44	0.850	−88.50	486	0.0180
丙烷	C_3H_8	2.020	1.65	0.795	−42.1	427	0.0148

名称	分子式	密度 /(kg/m³)	定压比热容 /[kJ/(kg·K)]	黏度 /(10⁻⁵Pa·s)	沸点 /℃	汽化潜热 /(kJ/kg)	热导率 /[W/(m·K)]
正丁烷	C_4H_{10}	2.673	1.73	0.810	−0.5	386	0.0135
正戊烷	C_5H_{12}	—	1.57	0.874	−36.08	151	0.0128
乙烯	C_2H_4	1.261	1.222	0.935	−103.9	481	0.0164
丙烯	C_3H_6	1.914	1.436	0.835	−47.7	440	—
乙炔	C_2H_2	1.171	1.352	0.935	−83.66	829	0.0184
一氯甲烷	CH_3Cl	2.308	0.582	0.989	−24.1	406	0.0085
苯	C_6H_6		1.139	0.72	80.2	394	0.0088

2. 某些液体的重要物理性质（$p=0.101MPa$）

名称	分子式	密度 /(kg/m³)	沸点 /℃	汽化潜热 /(kJ/kg)	定压比热容 /[kJ/(kg·K)]	黏度 /(10⁻³Pa·s)	热导率 /[W/(m·K)]	体积膨胀系数 /10⁻⁴℃⁻¹	表面张力 /(mN/m)
水	H_2O	998.3	100	2258	4.184	1.005	0.599	1.82	72.8
25%的氯化钠溶液	—	1186 (25℃)	107	—	3.39	2.3	0.57 (30℃)	(4.4)	—
25%的氯化钙溶液	—	1228	107	—	2.89	2.5	0.57	(3.4)	—
硫酸	H_2SO_4	1834	340 (分解)	—	1.47	23	0.38	5.7	—
硝酸	HNO_3	1512	86	481.1	—	1.17 (10℃)	—	12.4	—
盐酸	HCl	1149	—	—	2.55	2 (31.5%)	0.42	—	—
乙醇	C_2H_5OH	789.2	78.37	1912	2.47	1.17	0.1844	11.0	22.27
甲醇	CH_3OH	791.3	64.65	1109	2.50	0.5945	0.2108	11.9	22.70
氯仿	$CHCl_3$	1490	61.2	253.7	0.992	0.58	0.138 (30℃)	12.8	28.5 (10℃)
四氯化碳	CCl_4	1594	76.8	195	0.850	1.0	0.12	12.2	26.8
1,2-二氯乙烷	$C_2H_4Cl_2$	1253	83.6	324	1.260	0.83	0.14 (50℃)	—	30.8
苯	C_6H_6	879	80.20	393.9	1.704	0.737	0.148	12.4	28.6
甲苯	C_7H_8	866	110.63	363	1.70	0.675	0.138	10.8	27.9

3. 常用固体材料的物理性质（常态）

名称	密度 /(kg/m³)	热导率 /[W/(m·K)]	比热容 /[kJ/(kg·K)]	名称	密度 /(kg/m³)	热导率 /[W/(m·K)]	比热容 /[kJ/(kg·K)]
(1)金属				黄铜	8600	85.5	0.38
钢	7850	45.3	0.46	铝	2670	203.5	0.92
不锈钢	7900	17.0	0.50	镍	9000	58.2	0.46
铸铁	7220	62.8	0.50	铅	11400	34.9	0.13
铜	8800	383.8	0.41	钛	4540	15.24	0.527 (25℃)
青铜	8000	64.6	0.38				

名称	密度/(kg/m³)	热导率/[W/(m·K)]	比热容/[kJ/(kg·K)]	名称	密度/(kg/m³)	热导率/[W/(m·K)]	比热容/[kJ/(kg·K)]
(2)塑料				耐火砖	1840	1.05	0.96~1.0
酚醛	1250~1300	0.13~0.26	1.3~1.7	多孔绝热砖	600~1400	0.16~0.37	
脲醛	1400~1500	0.30	1.3~1.7	混凝土	2000~2400	1.3~1.55	0.84
聚氯乙烯	1380~1400	0.16	1.8	松木	500~600	0.07~0.11	2.72
低压聚乙烯	940	0.29	2.6	软木	100~300	0.041~0.064	0.96
高压聚乙烯	920	0.26	2.2	石棉板	700	0.11	0.816
有机玻璃	1180~1190	0.14~0.20		石棉水泥板	1600~1900	0.35	
(3)建筑、绝热、耐酸材料				玻璃	2500	0.74	0.67
干砂	1500~1700	0.45~0.58	0.8	耐酸陶瓷制品	2200~2300	0.93~2.0	0.75~0.80
黏土	1600~1800	0.47~0.54		耐酸搪瓷	2300~2700	0.99~1.04	0.84~1.26
锅炉炉渣	700~1100	0.19~0.30		橡胶	1200	0.16	1.38
黏土砖	1600~1900	0.47~0.68	0.92	冰	900	2.3	2.11

4. 有相液体相对密度共线图

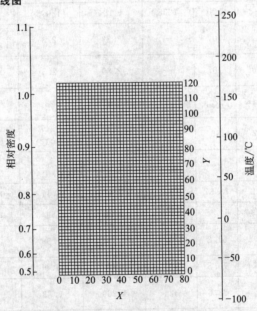

有机液体相对密度共线图的坐标

有机液体	X	Y	有机液体	X	Y	有机液体	X	Y	有机液体	X	Y
乙炔	20.8	10.1	十一烷	14.4	39.2	甲酸乙酯	37.6	68.4	氯苯	41.9	86.7
乙烷	10.3	4.4	十二烷	14.3	41.4	甲酸丙酯	33.8	66.7	葵烷	16.0	38.2
乙烯	17.0	3.5	十三烷	15.3	42.4	丙烷	14.2	52.2	氯	22.4	24.6
乙醇	24.2	48.6	十四烷	15.8	43.3	丙酮	26.1	47.8	氯乙烷	42.7	62.4
乙醚	22.6	35.8	三乙胺	17.9	37.0	丙醇	23.8	50.8	氯甲烷	52.3	62.9
乙丙醚	20.0	37.0	三氯化磷	28.0	22.1	丙酸	35.0	83.5	氯苯	41.7	105.0
乙硫醇	32.0	55.5	己烷	13.5	27.0	丙酸甲酯	36.5	68.3	氰丙烷	20.1	44.6
乙硫醚	25.7	55.3	壬烷	16.2	36.5	丙酸乙酯	32.1	63.9	氰甲烷	21.8	44.9
二乙酸	17.8	33.5	六氢吡啶	27.5	60.0	戊烷	12.6	22.6	环己烷	19.6	44.0
二氧化碳	78.6	45.4	甲乙醚	25.0	34.4	异戊烷	13.5	22.5	醋酸	40.6	93.5
异丁烷	13.7	16.5	甲醇	25.8	49.1	辛烷	12.7	32.5	醋酸甲酯	40.1	70.3
丁酸	31.3	78.7	甲硫醇	37.3	59.6	庚烷	12.6	29.8	醋酸乙酯	35.0	65.0
丁酸甲酯	31.5	65.5	甲硫醚	31.9	57.4	苯	32.7	63.0	醋酸丙酯	33.0	65.5
异丁酸	31.5	75.9	甲酸	27.2	30.1	苯酯	35.7	103.8	甲苯	27.0	61.0
丁酸(异)甲酯	33.0	64.1	甲酸甲酯	46.4	74.6	苯胺	33.5	92.5	异戊醇	20.5	52.0

化工单元操作设计及优化

5. 液体黏度共线图

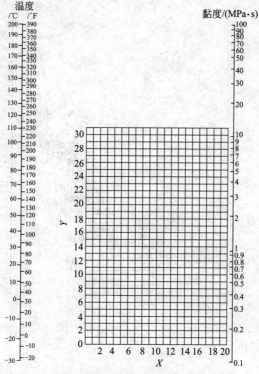

液体黏度共线图坐标值

用法举例，求苯在 50℃ 时的密度，从本表序号 26 查得苯的 $X=12.5$，$Y=10.9$。把这两个数值标在前页共线图的 $X-Y$ 坐标上的一点，把这点与图中左方温度标尺上 50℃ 的点连成一直线，延长，与右方黏度标尺相交，由此交点定出 50℃ 苯的黏度。

序号	名称	X	Y	序号	名称	X	Y
1	水	10.2	13.0	31	乙苯	13.2	11.5
2	盐水(25%NaCl)	10.2	16.6	32	氯苯	12.3	12.4
3	盐水(25%CaCl$_2$)	6.6	15.9	33	硝基苯	10.6	16.2
4	氨	12.6	2.0	34	苯胺	8.1	18.7
5	氨水(26%)	10.1	13.9	35	酚	6.9	20.8
6	二氧化碳	11.6	0.3	36	联苯	12.0	18.3
7	二氧化硫	15.2	7.1	37	萘	7.9	18.1
8	二硫化碳	16.1	7.5	38	甲醇(100%)	12.4	10.5
9	溴	14.2	18.2	39	甲醇(90%)	12.3	11.8
10	汞	18.4	16.4	40	甲醇(40%)	7.8	15.5
11	硫酸(110%)	7.2	27.4	41	乙醇(100%)	10.5	13.8
12	硫酸(100%)	8.0	25.1	42	乙醇(95%)	9.8	14.3
13	硫酸(98%)	7.0	24.8	43	乙醇(40%)	6.5	16.6
14	硫酸(60%)	10.2	21.3	44	乙二醇	6.0	23.6
15	硝酸(95%)	12.8	13.8	45	甘油(100%)	2.0	30.0
16	硝酸(60%)	10.8	17.0	46	甘油(50%)	6.9	19.6
17	盐酸(31.5%)	13.0	16.6	47	乙醚	14.5	5.3
18	氢氧化钠(50%)	3.2	25.8	48	乙醛	15.2	14.8
19	戊烷	14.9	5.2	49	丙酮	14.5	7.2
20	己烷	14.7	7.0	50	甲酸	10.7	15.8
21	庚烷	14.1	8.4	51	醋酸(100%)	12.1	14.2
22	辛烷	13.7	10.0	52	醋酸(70%)	9.5	17.0
23	三氯甲烷	14.4	10.2	53	醋酸酐	12.7	12.8
24	四氧化碳	12.7	13.1	54	醋酸乙酯	13.7	9.1
25	二氯乙烷	13.2	12.2	55	醋酸戊酯	11.8	12.5
26	苯	12.5	10.9	56	氟里昂 11	14.4	9.0
27	甲苯	13.7	10.4	57	氟里昂 12	16.8	5.6
28	邻二甲苯	13.5	12.1	58	氟里昂 21	15.7	7.5
29	间二甲苯	13.9	10.6	59	氟里昂 22	17.2	4.7
30	对二甲苯	13.9	10.9	60	煤油	10.2	16.9

6. 液体比热容共线图

比热容/[kcal/(kg·℃)]①

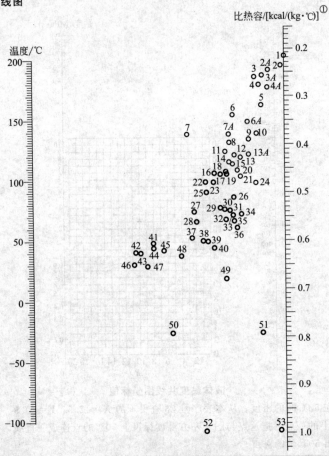

温度/℃

图中各编号对应的物质

编号	名称	温度范围/℃	编号	名称	温度范围/℃	编号	名称	温度范围/℃
1	溴乙烷	5~25	22	二苯基甲烷	30~100	43	异丁醇	0~100
2	二硫化碳	−100~25	23	苯	10~30	44	丁醇	0~100
3	四氯化碳	10~60	24	醋酸乙酯	−50~25	45	丙醇	−20~100
4	氯仿	0~50	25	乙苯	0~100	46	乙醇(95%)	20~80
5	二氯甲烷	−40~50	26	醋酸戊酯	0~100	47	异丙醇	−20~50
6	氟里昂12	−40~15	27	苯甲基醇	−20~30	48	盐酸(30%)	20~100
7	碘乙烷	0~100	28	庚烷	0~60	49	盐水(25%CaCl₂)	−40~20
8	氯苯	0~100	29	醋酸(100%)	0~80	50	乙醇(50%)	20~80
9	硫酸(98%)	10~45	30	苯胺	0~130	51	盐水(25%NaCl)	−40~20
10	苯甲基氯	−30~30	31	异丙醚	−80~20	52	氨	−70~50
11	二氧化硫	−20~100	32	丙酮	20~50	53	水	10~200
12	硝基苯	0~100	33	辛烷	−50~25	3	过氯乙烯	−30~140
13	氯乙烷	−30~40	34	壬烷	−50~25	6A	二氯乙烷	−30~60
14	萘	90~200	35	己烷	−80~20	13A	氯甲烷	−80~20
15	联苯	80~120	36	乙醚	−100~25	16	联苯醚 A	0~200
16	二苯基醚	0~200	37	戊醇	−50~25	23	甲苯	0~60
17	对二甲苯	0~100	38	甘油	−40~20	2A	氟里昂11	−20~70
18	间二甲苯	0~100	39	乙二醇	−40~200	4A	氟里昂21	−20~70
19	邻二甲苯	0~100	40	甲醇	−40~20	7A	氟里昂22	−20~60
20	吡啶	−50~25	41	异戊醇	10~100	3A	氟里昂113	−20~70
21	癸烷	−80~25	42	乙醇(100%)	30~80			

① 1kcal/(kg·℃)=4186.8J/(kg·K)。

7. 蒸发潜热（汽化热）共线图

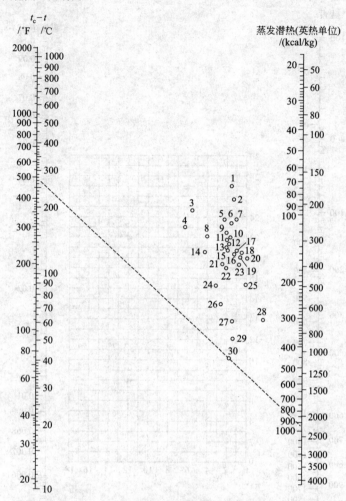

蒸发潜热共线图坐标值

号数	化合物	范围 $(t_c-t)/℃$	临界温度 $t_c/℃$	号数	化合物	范围 $(t_c-t)/℃$	临界温度 $t_c/℃$
18	醋酸	100～225	321	2	氟里昂 12(CCl_2F_2)	40～200	111
22	丙酮	120～210	235	5	氟里昂 21($CHCl_2F$)	70～250	178
29	氨	50～200	133	6	氟里昂 22($CHClF_2$)	50～170	96
13	苯	10～400	289	1	氟里昂 113(CCl_2F-$CClF_2$)	90～250	214
16	丁烷	90～200	153	10	庚烷	20～300	267
21	二氧化碳	10～100	31	11	己烷	50～225	235
4	二硫化碳	140～275	273	15	异丁烷	80～200	134
2	四氯化碳	30～250	283	27	甲醇	40～250	240
7	三氯甲烷	140～275	263	20	氯甲烷	0～250	143
8	二氯甲烷	150～250	516	19	一氧化二氮	25～150	36
3	联苯	175～400	5	9	辛烷	30～300	296
25	乙烷	25～150	32	12	戊烷	20～200	197
26	乙醇	20～140	243	23	丙烷	40～200	96
28	乙醇	140～300	243	24	丙醇	20～200	264
17	氯乙烷	100～250	187	14	二氧化硫	90～160	157
13	乙醚	10～400	194	30	水	100～500	374
2	氟里昂 11(CCl_3F)	70～250	198				

8. 气体黏度共线图（常压）

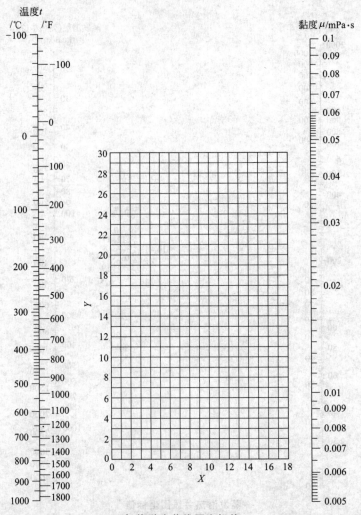

气体黏度共线图坐标值

序号	气体名称	X	Y	序号	气体名称	X	Y	序号	气体名称	X	Y
1	一氧化碳	11.0	20.0	20	丙酮	8.9	13.0	39	氯	9.0	18.4
2	乙炔	9.8	14.9	21	丙醇	8.4	13.4	40	氯仿	8.9	15.7
3	乙烷	9.1	14.5	22	戊烷	7.0	12.8	41	氯乙烷	8.5	15.6
4	乙烯	9.5	15.1	23	汞	5.3	22.9	42	氯化氢	8.8	18.7
5	乙醇	9.2	14.2	24	氙	9.3	23.0	43	硫化氢	8.6	18.0
6	乙醚	8.9	13.0	25	空气	11.0	20.0	44	环己烷	9.2	12.0
7	二氧化碳	9.5	18.7	26	亚硝酰氯	8.0	17.6	45	溴	8.9	19.2
8	二氧化硫	9.6	17.0	27	苯	8.5	13.2	46	溴化氢	8.8	20.9
9	二硫化碳	8.0	16.0	28	氟	7.3	23.8	47	碘	9.0	18.4
10	丁烷	9.2	13.7	29	氨	8.4	16.0	48	碘化氢	9.0	21.3
11	丁烯	8.9	13.0	30	氧	11.0	21.3	49	氮	10.6	20.0
12	2,3,3-三甲基丁烷	9.5	10.5	31	一氧化二氮	8.8	19.0	50	醋酸	7.7	14.3
13	己烷	8.6	11.8	32	氧化一氮	10.9	20.5	51	醋酸乙酯	8.5	13.2
14	水	8.0	16.0	33	氢	11.2	12.4	52	氟里昂11	10.6	15.1
15	甲苯	8.6	12.4	34	3H₂＋N₂	11.2	17.2	53	氟里昂12	11.1	16.0
16	甲烷	9.9	15.5	35	氦	10.9	20.5	54	氟里昂21	10.8	15.3
17	丙醇	8.5	15.6	36	氰	9.2	15.2	55	氟里昂22	10.1	17.0
18	丙烷	9.7	12.9	37	氰化氢	9.8	14.9	56	氟里昂113	11.3	14.0
19	丙烯	9.0	13.8	38	氩	10.5	22.4				

9. 芳香烃液体比热容

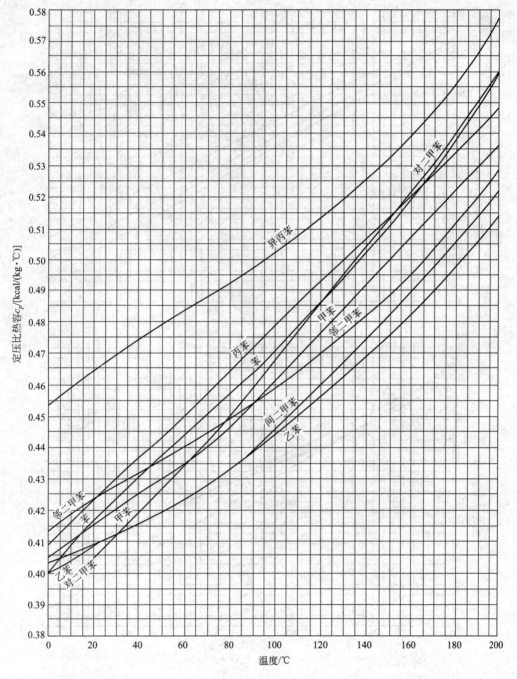

注：1kcal/(kg・℃) ＝4186.8J/(kg・K)

10. 芳香烃表面张力图

注：1dyn/cm=10⁻³ N/m

附录四　一些气体溶于水的亨利系数

气体	温度/℃															
	0	5	10	15	20	25	30	35	40	45	50	60	70	80	90	100
	$E\times10^{-6}$/kPa															
H_2	5.87	6.16	6.44	6.70	6.92	7.16	7.39	7.52	7.61	7.70	7.75	7.75	7.71	7.65	7.61	7.55
N_2	5.35	6.05	6.77	7.48	8.15	8.76	9.36	9.98	10.5	11.0	11.4	12.2	12.7	12.8	12.8	12.8
空气	4.38	4.94	5.56	6.15	6.73	7.30	7.81	8.34	8.82	9.23	9.59	10.2	10.6	10.8	10.9	10.8
CO	3.57	4.01	4.48	4.95	5.43	5.88	6.28	6.68	7.05	7.39	7.71	8.82	8.57	8.57	8.57	8.57
O_2	2.58	2.95	3.31	3.69	4.06	4.44	4.81	5.14	5.42	5.70	5.96	6.37	6.72	6.96	7.08	7.10
CH_4	2.27	2.62	3.01	3.41	3.81	4.18	4.55	4.92	5.27	5.58	5.85	6.34	6.75	6.91	7.01	7.10
NO	1.71	1.96	2.21	2.45	2.67	2.91	3.14	3.35	3.57	3.77	3.95	4.24	4.44	4.54	4.58	4.60
C_2H_6	1.28	1.57	1.92	2.90	2.66	3.06	3.47	3.88	4.29	5.07	5.07	5.72	6.31	6.70	6.96	7.01
	$E\times10^{-5}$/kPa															
C_2H_4	5.59	6.62	7.78	9.07	10.3	11.6	12.9	—	—	—	—	—	—	—	—	—
N_2O	—	1.19	1.43	1.68	2.01	2.28	2.62	3.06	—	—	—	—	—	—	—	—
CO_2	0.738	0.888	1.05	1.24	1.44	1.66	1.88	2.12	2.36	2.60	2.87	3.46	—	—	—	—
C_2H_2	0.73	0.85	0.97	1.09	1.23	1.35	1.48	—	—	—	—	—	—	—	—	—
Cl_2	0.272	0.334	0.399	0.461	0.537	0.604	0.669	0.74	0.80	0.86	0.90	0.97	0.99	0.97	0.96	—
H_2S	0.272	0.319	0.372	0.418	0.489	0.552	0.617	0.686	0.755	0.825	0.689	1.04	1.21	1.37	1.46	1.50
	$E\times10^{-4}$/kPa															
SO_2	0.167	0.203	0.245	0.294	0.355	0.413	0.485	0.567	0.661	0.763	0.871	1.11	1.39	1.70	2.01	—

附录五　某些二元物系的气液平衡组成

1. 乙醇-水 （$p=0.101$MPa）

乙醇在液相组成/%		乙醇在气相组成/%		沸点/℃	乙醇在液相组成/%		乙醇在气相组成/%		沸点/℃
质量分数	摩尔分数	质量分数	摩尔分数		质量分数	摩尔分数	质量分数	摩尔分数	
0	0.00	0	0.00	100.0	50	28.12	77.0	56.71	81.9
2	0.79	19.7	8.76	97.65	52	29.80	77.5	57.41	81.7
4	1.61	33.3	16.34	95.8	54	31.47	78.0	58.11	81.5
6	2.34	41.0	21.45	94.15	56	33.24	78.5	58.78	81.3
8	3.29	47.6	26.21	92.60	58	35.09	79.0	59.55	81.2
10	4.16	52.2	29.92	91.30	60	36.98	79.5	60.29	81.0
12	5.07	55.8	33.06	90.50	62	38.95	80.0	61.02	80.85
14	5.98	58.8	35.83	89.20	64	41.02	80.5	61.61	80.65
16	6.86	61.1	38.06	88.30	66	43.17	81.0	62.52	80.50
18	7.95	63.2	40.18	87.70	68	45.41	81.6	63.43	80.40
20	8.92	65.0	42.09	87.00	70	47.74	82.1	64.21	80.20
22	9.93	66.6	43.82	86.40	72	50.16	82.8	65.34	80.00
24	11.00	68.0	45.41	85.95	74	52.68	83.4	66.28	79.85
26	12.08	69.3	46.90	85.40	76	55.34	84.1	67.42	79.72
28	13.19	70.3	48.08	85.00	78	58.11	84.9	68.76	79.65
30	14.35	71.3	49.30	84.70	80	61.02	85.8	70.29	79.50
32	15.55	72.1	50.27	84.30	82	64.05	86.7	71.86	79.30
34	16.77	72.9	51.27	83.85	84	67.27	87.7	73.61	79.10
36	18.03	73.5	52.04	83.70	86	70.63	88.9	75.82	78.85
38	19.34	74.0	52.68	83.40	88	74.15	90.1	78.00	78.65
40	20.68	74.6	53.46	83.10	90	77.88	91.3	80.42	78.50
42	22.07	75.1	54.12	82.65	92	81.83	92.7	83.26	78.30
44	23.51	75.6	54.80	82.50	94	85.97	94.2	86.40	78.20
46	25.00	76.1	55.48	82.35	95.57	89.41	95.57	89.41	78.15
48	26.53	76.5	56.03	82.15					

2. 苯-甲苯（$p=0.101MPa$）

苯（摩尔分数）/%		温度	苯（摩尔分数）/%		温度
液相中	气相中	/℃	液相中	气相中	/℃
0.0	0.0	110.6	59.2	78.9	89.4
8.8	21.2	106.1	70.0	85.3	86.8
20.0	37.0	102.2	80.3	91.4	84.4
30.0	50.0	98.6	90.3	95.7	82.3
39.7	61.8	95.2	95.0	97.9	81.2
48.9	71.0	92.1	100.0	100.0	80.2

3. 氯仿-苯（$p=0.101MPa$）

氯仿（质量分数）/%		温度	氯仿（质量分数）/%		温度
液相中	气相中	/℃	液相中	气相中	/℃
10	13.6	79.9	60	75.0	74.6
20	27.2	79.0	70	83.0	72.8
30	40.6	78.1	80	90.0	70.5
40	53.0	77.2	90	96.1	67.0
50	65.0	76.0			

4. 水-醋酸（$p=0.101MPa$）

水（摩尔分数）/%		温度	水（摩尔分数）/%		温度
液相中	气相中	/℃	液相中	气相中	/℃
0.0	0.0	118.2	83.3	88.6	101.3
27.0	39.4	108.2	88.6	91.9	100.9
45.5	56.5	105.3	93.0	95.0	100.5
58.8	70.7	103.8	96.8	97.7	100.2
69.0	79.0	102.8	100.0	100.0	100.0
76.9	84.5	101.9			

5. 甲醇-水（$p=0.101MPa$）

甲醇（摩尔分数）/%		温度	甲醇（摩尔分数）/%		温度
液相中	气相中	/℃	液相中	气相中	/℃
5.31	28.34	92.9	29.09	68.01	77.8
7.67	40.01	90.3	33.33	69.18	76.7
9.26	43.53	88.9	35.13	73.47	76.2
12.57	48.31	86.6	46.20	77.56	73.8
13.15	54.55	85.0	52.92	79.71	72.7
16.74	55.85	83.2	59.37	81.83	71.3
18.18	57.75	82.3	68.49	84.92	70.0
20.83	62.73	81.6	77.01	89.62	68.0
23.19	64.85	80.2	87.41	91.94	66.9
28.18	67.75	78.0			

附录六 乙醇-水溶液的一些性质

1. 乙醇溶液的物理常数（摘要）（$p=0.101MPa$）

温度（15℃）		相对密度	沸点	定压比热容 c_p /[kJ/(kg·K)]		焓/(kJ/kg)		
体积分数 /%	质量分数 /%	（15℃）	/℃	α	β	饱和液体焓	干饱和蒸气焓	汽化潜热
10	8.05	0.9876	92.63	4.430	833	446.1	2571.9	2135.9
12	9.69	0.9845	91.59	4.451	842	447.1	2556.5	2113.4

温度(15℃)		相对密度 (15℃)	沸点 /℃	定压比热容 c_p /[kJ/(kg·K)]		焓/(kJ/kg)		
体积分数 /%	质量分数 /%			α	β	饱和液体焓	干饱和蒸气焓	汽化潜热
14	11.33	0.9822	90.67	4.460	846	439.1	2529.9	2091.5
16	12.97	0.9802	89.83	4.468	850	435.6	2503.9	2064.9
18	14.62	0.9782	89.07	4.472	854	432.1	2477.7	2045.6
20	16.28	0.9763	88.39	4.463	858	427.8	2450.9	2023.2
22	17.95	0.9742	87.75	4.455	863	424.0	2424.2	1991.1
24	19.62	0.9721	87.16	4.447	871	420.6	2396.6	1977.2
26	21.30	0.9700	86.67	4.438	884	417.5	2371.9	1954.4
28	24.99	0.9679	86.10	4.430	900	414.7	2345.7	1930.9
30	24.69	0.9657	85.66	4.417	917	412.0	2319.7	1907.7
32	26.40	0.9633	85.27	4.401	942	409.4	2292.6	1884.1
34	28.13	0.9608	84.92	4.384	963	406.9	2267.2	1860.9
38	31.62	0.9558	84.32	4.346	1013	402.4	2215.1	1812.7
40	33.39	0.9523	84.08	4.283	1040	400.0	2188.4	1788.4

注：定压比热容 $c_p = \alpha + \beta(t_1 + t_2)/2$ [kJ/(kg·K)]，α、β 系数从表中可查出，t_1、t_2 为乙醇溶液的升温范围，乙醇在78.3℃的汽化潜热为855.24kJ/(kg·K)。

2. 乙醇蒸气的密度及比热容（摘要）（$p = 0.101$MPa）

蒸气中乙醇的 质量分数/%	沸点 /℃	密度 /(kg/m³)	比热容 /[kJ/(kg·K)]
70	80.1	1.085	0.9216
75	79.7	1.145	0.8717
80	79.3	1.224	0.8156
85	78.9	1.309	0.7633
90	78.5	1.396	0.7168
95	78.2	1.498	0.6667
100	78.33	1.592	0.622

附录七　常用管子的规格

1. 水煤气钢管（摘自 YB 234—63）

公称口径		外径	普通管壁厚	加厚管壁厚	公称口径		外径	普通管壁厚	加厚管壁厚
/mm	/in	/mm	/mm	/mm	/mm	/in	/mm	/mm	/mm
6	$\frac{1}{8}$	10	2	2.5	40	*$1\frac{1}{2}$	48	3.5	4.24
8	$\frac{1}{4}$	13.5	2.25	2.75	50	*2	60	3.5	4.5
10	*$\frac{3}{8}$	17	2.25	2.75	70	*$2\frac{1}{2}$	75.5	3.75	4.5
15	*$\frac{1}{2}$	21.25	2.75	3.25	80	*3	88.5	4	4.75
20	*$\frac{3}{4}$	26.75	2.75	3.5	100	4	114	4	5
25	*1	33.5	3.25	4	125	5	140	4.5	5.5
32	*$1\frac{1}{4}$	42.25	3.25	4	150	6	165	4.5	5.5

注：*表示常用规格。

2. 冷拔无缝钢管（摘自 YB 231—64）

外径 /mm	壁厚/mm		外径 /mm	壁厚/mm	
	下限	上限		下限	上限
6	1.0	2.0	24	1.0	7.0
8	1.0	2.5	25	1.0	7.0
10	1.0	3.5	27	1.0	7.0
12	1.0	4.0	28	1.0	7.0
14	1.0	4.0	32	1.0	8.0
15	1.0	5.0	34	1.0	8.0
16	1.0	5.0	35	1.0	8.0
17	1.0	5.0	36	1.0	8.0
18	1.0	5.0	38	1.0	8.0
19	1.0	6.0	48	1.0	8.0
22	1.0	6.0	51	1.0	8.0

注：壁厚有 1.0mm、1.2mm、1.5mm、2.0mm、3.0mm、3.5mm、4.0mm、4.5mm、5.0mm、5.5mm、6.0mm、7.0mm、8.0mm。

3. 热轧无缝钢管（摘自 YB 231—64）

外径 /mm	壁厚/mm		外径 /mm	壁厚/mm	
	下限	上限		下限	上限
32	2.5	8	127	4.0	32
38	2.5	8	133	4.0	32
45	2.5	10	140	4.5	35
57	3.0	13	152	4.5	35
60	3.0	14	159	4.5	35
68	3.0	16	168	5.0	35
70	3.0	16	180	5.0	35
73	3.0	19	194	5.0	35
76	3.0	19	219	6.0	35
83	3.5	24	245	7.0	35
89	3.5	24	273	7.0	35
102	3.5	28	325	8.0	35
108	4.0	28	377	9.0	35
114	4.0	28	426	9.0	35
121	4.0	32			

附录八 设计代号及图例

1. 常用设备分类代号及其图例

设备类别及代号	图例	设备类别及代号	图例
塔（T）	填料塔　筛板塔　浮阀塔　泡罩塔	反应器（R）	变换器　转化器　聚合釜

设备类别及代号	图例	设备类别及代号	图例
容器槽、罐（V）	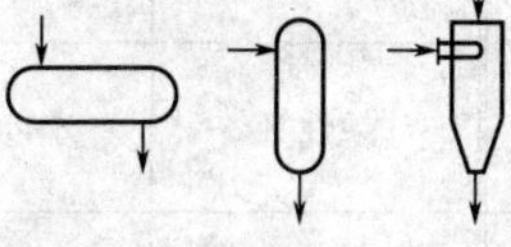 卧式槽 立式槽 旋风分离器 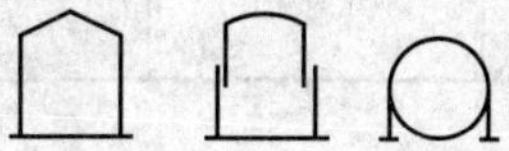 锥顶罐 湿式气柜 球罐	换热器冷却器蒸发器（E）	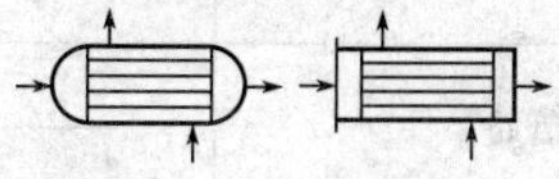 固定管板式换热器 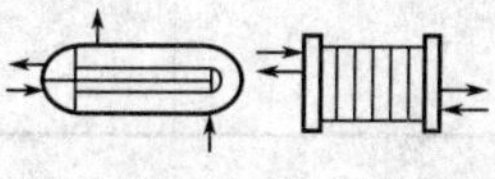 浮头式换热器 平板式换热器
泵（P）	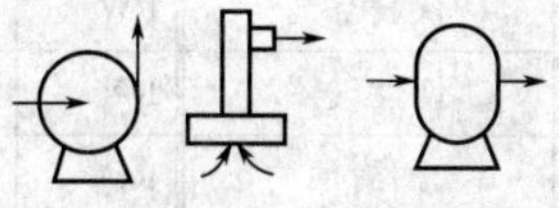 离心泵 液下泵 齿轮泵 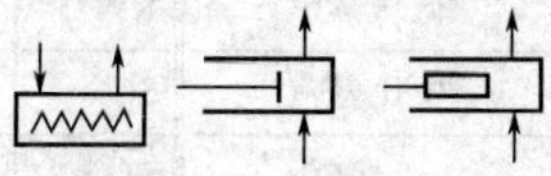 螺杆泵 活塞泵 柱塞泵		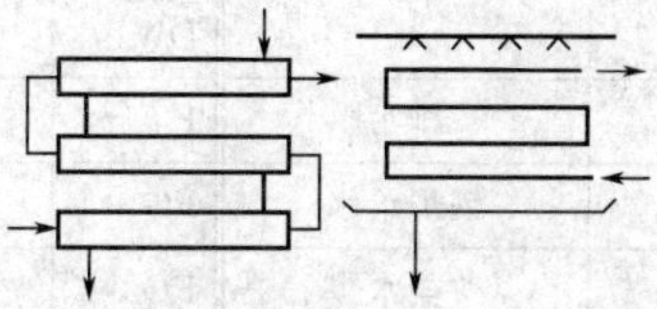 冷却器
鼓风机、压缩机（C）	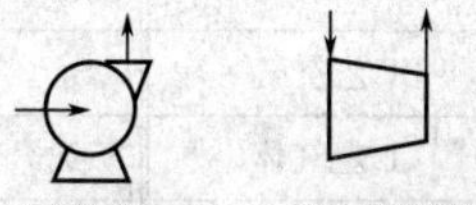 鼓风机 离心压缩机 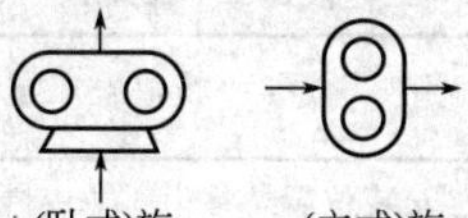 (卧式)旋转式压缩机 (立式)旋转式压缩机		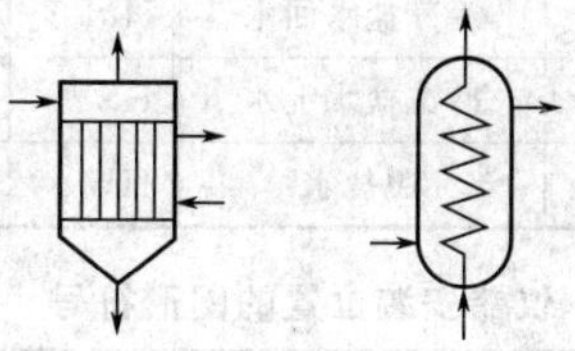 蒸发器

2. 管道材料代号

材料类别	铸铁	碳钢	普通低合金钢	合金钢	不锈钢	有色金属	非金属	衬里及内防腐
代号	A	B	C	D	E	F	G	H

3. 常用管道线路的表达方式

名称	图例		名称	图例
主要物料管道	 ————	$b=0.8\sim1.2mm$	蒸汽伴热管	 ========
主要物料埋地管道	- - - - - - -	b	电伴热管	 ————
辅助物料及公用系统管道	 ————	$(1/2\sim2/3)b$	保温管	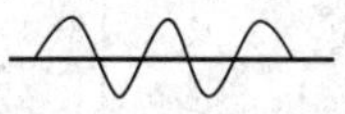 ∿∿∿
辅助物料及公用系统埋地管道	 - - - - - - -	$(1/2\sim2/3)b$	夹套管	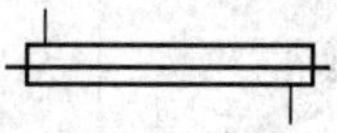

名　　称	图　例		名　　称	图例
仪表管路	--------------------	$(1/3)b$	保护管	
原有管路	—·——·——·——	b	柔性管	
			异径管	

4. 物料名称及代号

代号	物料名称	代号	物料名称	代号	物料名称	代号	物料名称
A	空气	DR	排液、排水	IA	仪表空气	PW	工艺水
AM	氨	DW	饮用水	IG	惰性气体	R	冷冻剂
BD	排污	F	火炬排放气	LO	润滑油	RO	原料油
BF	锅炉给水	FG	燃料气	LS	低压蒸汽	RW	原水
BR	盐水	FO	燃料油	MS	中压蒸汽	SC	蒸汽冷凝水
CA	压缩空气	FS	熔盐	NG	天然气	SL	泥浆
CS	化学污水	GO	填料油	N	氮	SO	密封油
CW	循环冷却水上水	H	氢	O	氧	SW	软水
CWR	冷冻盐水回水	HM	载热体	PA	工艺空气	TS	伴热蒸汽
CWS	冷冻盐水上水	HS	高压蒸汽	PG	工艺气体	VE	真空排放气
DM	脱盐水	HW	循环冷却水回水	PL	工艺液体	VT	放空气

5. 仪器安装位置的图形符号

安装位置	图形符号	安装位置	图形符号
就地安装仪表		就地安装仪表(嵌在管道中)	
集中仪表盘面安装仪表		集中仪表盘后安装仪表	
就地仪表盘面安装仪表		就地仪表盘后安装仪表	

6. 常用阀门的图形符号

名　　称	符　　号	名　　称	符　　号
截止阀		球阀	
闸阀		碟阀	
节流阀		止逆阀	

名　　称	符　　号	名　　称	符　　号
减压阀		角阀	
弹簧式安全阀		三通阀	
旋塞阀		四通阀	

7. 常见仪表参量及功能字母代号

仪表功能	温度 T	温差 Td	压力或真空 P	压差 Pd	流量 F	分析 A	密度 D	位置 Z	速率或频率 S	黏度 V
指示	TI	TdI	PI	PdI	FI	AI	DI	ZI	SI	VI
指示、控制	TIC	TdIC	PIC	PdIC	FIC	AIC	DIC	ZIC	SIC	VIC
指示、报警	TIA	TdIA	PIA	PdIA	FIA	AIA	DIA	ZIA	SIA	VIA
指示、开关	TIS	TdIS	PIS	PdIS	FIS	AIS	DIS	ZIS	SIS	VIS
记录	TR	TdR	PR	PdR	FR	AR	DR	ZR	SR	VR
记录、控制	TRC	TdRC	PRC	PdRC	FRC	ARC	DRC	ZRC	SRC	VRC
记录、报警	TRA	TdRA	PRA	PdRA	FRA	ARA	DRA	ZRA	SRA	VRA
记录、开关	TRS	TdRS	PRS	PdRS	FRS	ARS	DRS	ZRS	SRS	VRS
控制	TC	TdC	PC	PdC	FC	AC	DC	ZC	SC	VC
控制、变送	TCT	TdCT	PCT	PdCT	FCT	ACT	DCT	ZCT	SCT	VCT
报警	TA	TdA	PA	PdA	FA	AA	DA	ZA	SA	VA
开关	TS	TdS	PS	PdS	FS	AS	DS	ZS	SS	VS
指示灯	TL	TdL	PL	PdL	FL	AL	DL	ZL	SL	VL